中国青少年枕边书

DONGWU
SHIJIE DABAIKE

动物世界大百科

总策划／邢涛　　主编／龚勋

U0390945

人民武警出版社

推荐序

TUIJIANXU

孩子们到了上小学前后的年龄，开始接触越来越多的知识。这些知识进入他们头脑的方式和过程，会对他们今后的思维模式、审美习惯以及判断能力等方面产生决定性的影响。

家长在这个关键阶段应该把握好培养孩子的绝佳机会。一套优秀的少儿读物，在此时就能给家长帮上很大的忙，解决很大问题。比如这套"中国青少年枕边书"。翻开书页，你会发现这套书的整体设想既成熟又新颖：从知识结构上囊括了自然科学和人文科学的各个主要领域，让孩子在知识建构的基础阶段全面吸收有益营养；从体例设置上将严肃刻板的知识点巧妙拆解，独具创意地组合成吸引孩子主动动脑、立体思维的版面样式；针对孩子的注意力难以长时间集中的特点，这套书的每一段内容都精心设成刚好适合孩子有效阅读的科学长度，在设计上巧妙地将文字与色彩和图形结合，让孩子阅读时始终处于轻松快乐的阅读环境之中。

丰富有趣的知识内容、灵活新颖的学习方式，让孩子们逐渐形成良好的阅读习惯，培养开放式的思维模式，在未来社会的国际化竞争中永远领先！

世界儿童基金会 林春雷

审定序
SHENDINGXU

　　少儿时期相当于一个人"白手起家"的时候，每一分收获都无比宝贵，令人印象深刻。虽然后来又不断上学系统学习，成年人真正用上的知识其实很多都是少儿时期的"原始积累"。所以这一时期孩子读到的东西，必须是高质量的。

　　这套"中国青少年枕边书"着眼点在于孩子的好奇心和求知欲，在编撰时较好地照顾了孩子的接受程度。知识虽是好东西，但也非越深越好，过深的内容孩子吸收不了，反而容易产生厌倦或畏惧，知识也会成为死知识，并不能对孩子的心智健康成长有所帮助。适合孩子的才是最好的。

　　这套书是一个全面、完整的综合性系列，共有三十多种，内容上既囊括了宇宙奥秘、动物世界、历史文明等百科知识，又有塑造孩子健全人格、培养孩子优良品德的中外经典故事。这些内容充分满足了孩子心智发育成长中所需要的各种养分，使孩子能够健康、均衡发展；具体材料的选取上，从历史观点到科学理论，充分利用各个领域最新的学术成果、最新的信息数据，让孩子能够紧跟世界发展的脚步。这样的少儿读物，值得让孩子认真阅读，收获一定不小。

中国儿童教育研究所　陈　勉

前 言
QIANYAN

　　40多亿年前，地球上还是一片荒寂。大约4亿年前，随着动植物的出现，地球进入了一个崭新的时代。经过几亿年的进化繁衍，地球上逐渐变得一派生机盎然。而其中，动物更是成为自然界的主角。到目前为止，人们已经发现了200多万种动物。从浩瀚的海洋到广阔的天空，从葱翠的平原到荒芜的沙漠，从赤日炎炎的非洲内陆到冰雪覆盖的南极大陆……到处都有动物的踪迹。

　　对于我们人类的这些邻居，同学们充满了好奇，渴望与它们亲近，成为好朋友。于是我们精心编撰了这本《动物世界大百科》，希望能够为读者朋友们了解动物世界打开一扇窗口。

　　本书按照动物进化由低等到高等的顺序排列各个篇章，先后介绍了低等动物、昆虫、鱼类、鸟类、两栖爬行动物和哺乳动物，小读者能从中了解到很多关于动物的奥秘。本书文字通俗易懂而又妙趣横生，与精彩绝伦的动物图片相映成趣。打开这本书，小读者就走进了精彩的动物世界——与斑马驰骋于草原，与骆驼行走于沙漠，与鹰翱翔于天空，与鱼嬉戏于大海……

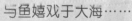

如何使用本书

为了读者阅读方便，下面给大家介绍《动物世界大百科》的使用方法。本书分低等动物、昆虫、鱼、鸟、两栖爬行动物和哺乳动物六个部分。每一部分的名称概括出这一类动物的主要特征，每一主题又通过趣味盎然的小知识点介绍动物的主要特征，同时配有栩栩如生的插图和照片以及对动物补充介绍的小资料，使文字更加通俗易懂。

主标题 ●
对全文内容的精彩概括。

小资料 ●
小资料分两种形式：一是以"小证件"的形式将动物的家族、食物构成、分布区域等进行介绍；二是背景资料，从不同的角度描述知识点。

主标题说明 ●
用简洁精炼的文字导入主标题涉及的知识点。

卡通图 ●
形象活泼的卡通图，给你带来不一样的阅读乐趣。

动物世界大百科

沙漠中的行走能手

─── 骆驼小证件 ───
家族：哺乳纲 偶蹄目 骆驼科 种类：约6种 食物：多刺植物、灌木枝叶和干草等 分布：亚洲和非洲的干旱地区

沙漠里终日烈日炎炎，覆盖着一眼望不到头的黄沙。在这样的环境中，人类很难生存，然而骆驼却能在这里生活得很自在。它们在沙漠里悠闲地行走，驮着人和货物，一点也不怕风沙。所以人们叫它们"沙漠之舟"。沙漠烈日炎炎，缺少水源，为什么骆驼不怕呢？原来，骆驼一般不出汗，而且它们身上有一层厚毛皮，能像毛毡一样抵抗太阳的暴晒，气温再高也不怕晒伤。还有，骆驼一分钟才呼吸16次，这样就不会消耗太多的水分，所以骆驼才能够安然地生活在沙漠中。

沙漠之舟——骆驼

在沙漠中，骆驼是非常重要的交通工具。

多亏有了骆驼，人们才能够去沙漠深处探险。

篇章页

整幅的生动图片带您走进这一部分所要讲述的动物世界。

"四不像"

骆驼比一般的马要高大，所以有句话叫"瘦死的骆驼比马大"。奇怪的是，骆驼还有羊一样的头、兔子一样的嘴、牛一样的蹄子、马一样的鬃毛，不过最奇特的还是它们背上的驼峰。从前的人第一次见到骆驼，还以为是马受伤以后背部肿大了呢!

骆驼个子很高大。　独峰驼

书眉

双数页码的书眉表示书名，单数页码表示每一章的名称。

辅标题

与主标题内容相关的各个知识点。

辅标题说明

对辅标题进行具体的阐述或讲解。

"藏"着宝贝的驼峰

骆驼最大的特点是背上有凸起的驼峰。只不过有的骆驼只有一个驼峰（独峰驼），有的骆驼有两个驼峰（双峰驼）。驼峰里究竟有什么东西呢? 原来，驼峰就像仓库，里面贮藏着大量的脂肪。当骆驼在沙漠中长途行走时，驼峰里的脂肪就会分解，变成有用的营养和水分。

没有树叶、青草时，骆驼就把茅屋上的芦苇当作食物。

141

图片

集中展示本版内容的图片。既有实物照片，也有说明性强的手绘原理图。

图片说明文字

对图片进行说明的注释性文字，包括图名、图注等。

动物世界大百科

目录
MU LU

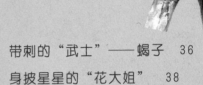

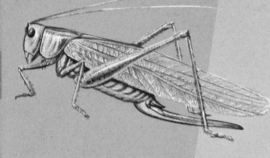

Part 1

低等动物
DIDENGDONGWU

地球上至少有90％的动物物种属于低等动物。有些低等动物身体柔软，有些却生有具有保护作用的外壳。低等动物包括海绵动物、腔肠动物、棘皮动物、昆虫等20个左右的动物门类，其中除了昆虫以外，大多数种类生活在海洋中，例如海胆、海星等。在漫长的进化过程中，低等动物的身体构造发生了很大变化，经历了从低等到高等、从简单到复杂的演变过程。

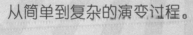

会跳舞的"伞"——水母

—— 水母小证件 ——

家族：腔肠动物门 钵水母纲　种类：约200种
食物：浮游生物、小鱼、虾等　分布：世界各大海洋

水母是海洋中一种非常美丽的动物。它们的身体非常庞大，然而却没有脊椎，主要靠水的浮力支撑其巨大的身体。水母的外形就像一把透明的降落伞。"降落伞"的边缘长着一些长长的触手。水母在游动时，会向四周伸展出这些触手。这些触手在水中轻轻舞动，姿态十分优美，看起来就像是水母在跳舞。别看水母在水里非常美丽、自在，可是没有水它们就无法生存。水母身体含水量达98％，没有水，水母的身体就会变得很难看。目前世界上已发现的水母约有200种，中国常见的有海月水母、白色霞水母、海蜇等。

晶莹剔透的深海水母

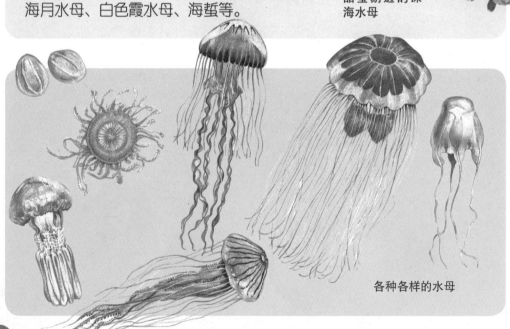

各种各样的水母

柔软的"降落伞"

水母全身柔软，没有坚硬的骨骼。它们的"降落伞"下面是一圈有力的肌肉，随着肌肉的不断收缩，水母就会上上下下地游动。水母的触手很长，有的可长达20米～30米，这些触手是它们的捕食工具和自卫武器。触手在抓到猎物后，会用"降落伞"下面的息肉吸住，每一个息肉都能够分泌出一种叫酵素的物质，迅速将猎物体内的蛋白质分解。

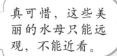

真可惜，这些美丽的水母只能远观，不能近看。

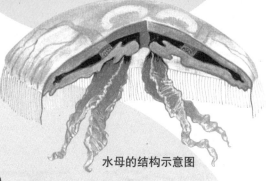

水母的结构示意图

水母伤人

水母的触手上布满小刺，这些小刺能射出有毒的丝。当遇到"敌人"或猎物时，水母就会射出毒丝，把"敌人"吓跑或将其毒死。澳大利亚东北沿海水域有一种箱水母，它们的触须上有几十亿个毒囊和毒刺，足够用来杀死20个人。所以，在海洋中遇到水母时，千万不要靠近它们，否则很容易被它们蜇伤。

在海里游泳的人有时会被水母刺伤。

海底花园的"建筑师"

—— 珊瑚虫小证件 ——

家族：腔肠动物门 珊瑚虫纲　种类：约115种　食物：海生植物和一些小型海洋动物　分布：印度洋、太平洋等海域

在热带海洋的海底，常常可以看到一片片美丽的大花园。这些花园里的东西有的像粗糙的石头，有的像分叉的树枝，有的像争艳的花朵……这些花园就是由海底的"建筑师"珊瑚虫建造的。珊瑚虫在生长过程中，能够吸收海水中的钙和二氧化碳，然后经过化学作用后分泌出石灰石，形成坚硬的骨骼，作为保护自己的外壳。按照生态功能划分，珊瑚虫可分为两大类：一类是不可造礁珊瑚虫，另一类是可造礁珊瑚虫。珊瑚礁就是由可造礁珊瑚虫"建造"出来的。

珊瑚虫创造的海底花园

四海为家的珊瑚虫

珊瑚虫只有米粒那样大小，样子就像个胖乎乎的小口袋，口袋顶部长有口，口周围又长满了带有绒毛的触手。珊瑚虫到处漂游，四海为家。一旦碰到海岸边的岩石，它们就扎根生长。珊瑚虫总是成群地聚居在一起，彼此连接，一同捕食、御敌。遇到微生物，它们就纷纷伸出触手，捉来当食物。

珊瑚虫的结构示意图

生活在一起的珊瑚虫

没想到海底花园竟
然是由这些小东西
"建"成的！

建筑大家族——造礁珊瑚虫

　　珊瑚虫中，有一种能够形成我们熟知的珊瑚礁，这就是"造礁珊瑚虫"，海底花园就是由它们建造出来的。千千万万个造礁珊瑚虫生活在一起，不断分泌出石灰质，并粘合在一起。当它们死后，骨骼便堆积起来。经过多年的压实、石化，它们逐渐形成岛屿和礁石，也就是我们所谓的珊瑚礁。

鲜艳的树枝珊瑚

捕食能手——八爪章鱼

章鱼小证件

家族：头足纲 八腕目 章鱼科 种类：约140种

食物：甲壳动物和贝壳动物 分布：各大海洋中

章鱼触手上的吸盘

章鱼并不是鱼，而是一种软体动物。它们的长相很奇怪：八只长长的触手长在大大的头上，因此人们又称章鱼为"八爪鱼"。在软体动物中，章鱼和乌贼是最聪明的。它们使用触手捕捉食物，那些灵敏的触手能将小鱼、虾以及蟹等食物送进嘴里。在章鱼的触手上，长有300多个吸盘，吸盘的四周长着一圈锐利的牙齿。章鱼借此可以很方便地捕捉到猎物。而且，章鱼还能凭借这一排排的吸盘在海底悠闲地散步呢。

> 章鱼的触手这么灵活，要是被它缠上可就麻烦了。

长相怪异的章鱼

章鱼的家

章鱼喜欢钻进动物的壳里居住。每当它们找到了牡蛎以后，就在一旁耐心地等待，在牡蛎开口的一刹那，章鱼就会立刻朝里面扔进一块石头，使牡蛎的两扇贝壳无法关上。这样章鱼就可以把牡蛎的肉吃掉，自己钻进壳里安家。此外，章鱼还喜欢在海底的碎礁石里造房子。盖好的房子都有一个秘密后门，遇到危险时，章鱼就从这里逃脱。

猎物

触须

凸起的眼睛

正在捕食的章鱼

章鱼变色

高超的自卫技能

章鱼是自卫方法最多的海底动物。首先，它们有长长的触手，能及时发现危险并迅速逃开。其次，章鱼有惊人的变色能力，它们可以随时变换皮肤的颜色，使之和周围的环境协调一致。即使章鱼被敌人打伤了，它们仍然有变色能力。最后，章鱼有一个墨囊，能喷射墨汁，攻击敌人，保护自己。此外，如果它们遇到强敌，还会自动把触手扔出几条给对方，迷惑敌方。过不了几天，它们又会长出新的触手。

蓝环章鱼

7

烟幕专家——乌贼

乌贼小证件
家族：头足纲　十腕目　乌贼科
种类：约350种　食物：甲壳动物、鱼或其他
软体动物等　分布：各大海洋中

大王乌贼

　　乌贼和章鱼一样属于软体动物，因为肚子里装满墨汁，所以它们也叫"墨斗鱼"。乌贼长得和章鱼一样奇怪，头的两边是两只大大的眼睛，嘴的周围长着十条长长的手臂。乌贼的游泳方式很独特。在它们游动的时候，触手下面的漏斗会喷出强大的水流，于是它们就可以像火箭那样飞速前进了。别看乌贼的游泳姿势不好看，但速度可要比奥运会上的百米短跑冠军还快，最大时速可达到150千米，就连鱼类中的游泳冠军旗鱼，在它们面前也只能甘拜下风。

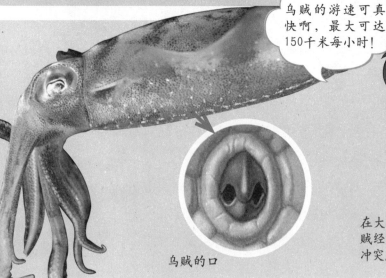

乌贼的游速可真快啊，最大可达150千米每小时！

乌贼的口

在大海中，大王乌贼经常与鲸鱼发生冲突。

各种各样的乌贼

大大的眼睛

会发光的乌贼

乌贼家族各成员之间有很大的区别。例如，最大的乌贼大王乌贼可长达20多米。它们生活在深海中，常常和鲸发生冲突。最小的乌贼是雏乌贼，它们的身长不超过0.015米，和一颗花生米的大小差不多，体重只有0.1克。这种超小型的乌贼背上有一个吸盘，可以吸附在水草上，以使自己不被海水冲走。此外，在乌贼家族中，还有一种能发光的萤乌贼。它们发出的光可以照亮0.3米远。当它们遇到天敌时，便射出强烈的光，把天敌吓得仓皇而逃。

乌贼的解剖图

 求生法门

乌贼肚子里装满墨汁，这些墨可以用来保护自己。一旦有凶猛的敌害扑过来，乌贼就会立刻从墨囊里喷出一股墨汁，把周围的海水染成黑色，模糊敌害的视线。在黑色烟幕的掩护下，乌贼便趁机逃之天天了。而且乌贼喷出的这种墨汁还含有毒素，可以用来麻痹敌害，使敌害一时无法再去追赶它们。

乌贼

负担沉重的行者——蜗牛

蜗牛小证件

家族：软体动物门 腹足纲 蜗牛目　　种类：4万多种

食物：各种蔬菜、杂草和瓜果皮等　　分布：除南北极外的世界各地

在春天或夏天的雨后，我们会在潮湿的墙角、树下和菜叶上看到慢慢爬行的蜗牛。它们背着螺旋形的外壳，看起来很吃力，但是这个壳却是蜗牛用来躲避危险的家。当遇到危险时，蜗牛便会把头和足缩进壳内，并分泌出黏液将壳口封住；当外壳破损时，它们还能分泌出某些物质修复外壳。别看蜗牛看起来很软弱，实际上它们是一种害虫。生长发育中的蔬菜和水果，常常受到蜗牛的破坏，引起腐烂。

原来蜗牛宝宝是这样生出来的啊！

蜗牛的繁殖过程

惊人的生存能力

蜗牛有很强的生存能力。

在冬天或干旱的季节里，我们很少看到蜗牛。这是因为冬天太寒冷，蜗牛需要冬眠才能抵抗严寒；在干旱的季节，蜗牛会缩到壳里来适应残酷的环境。蜗牛具有很强的生存能力，对冷、热、饥饿、干旱有很强的忍耐性。休眠时，蜗牛躲在落叶下面或泥土里，然后分泌黏液，形成一层硬硬的薄膜，封住壳底的口，防止水分流失。

蜗牛从壳里伸
出来的过程

蜗牛的眼睛长
在触角上。

蜗牛的食物

铺设黏液 "公路"

正在爬行的蜗牛

蜗牛是唯一在陆地上生活
的软体动物。不动的时候，它
们的整个身体会缩在壳里；
爬行的时候，它们才会把身
体伸出来。它们用来走路的
"肚子"实际上是有力的"腹足"，并且可以
分泌黏液。所以我们会看到，在蜗牛走过的地
方总会留下一条黏糊糊的液体痕迹。

"铠甲将军"——蟹

蟹的小证件

家族：节肢动物门　甲壳纲　十足目　种类：约4700种
食物：腐殖质和低等小动物　分布：广泛分布于江河湖海中

蟹属于甲壳类动物。它们披着坚硬的铠甲，举着像钳子一样的大螯，看上去非常威武。蟹有一点与其他动物明显不同，那就是走路时不是直着前行，而是横着爬行，因此，人们又叫它们"横行将军"。对于蟹横行的解释有很多，有一种很有意思的说法是，蟹的耳朵里有一个能根据地球磁场确定方向的小磁块，后来由于地球磁场发生倒转，为了不至于迷路，蟹就只好侧着走了。

百草蟹

螃蟹

寄居蟹

蟹家族中有一种成员叫寄居蟹，它们身上总背着个海螺壳。这个海螺壳就是它们找来的房子。寄居蟹遇到空的海螺壳，就会钻进壳里，盘曲在里边，再用尾巴勾住螺壳，用大螯挡在门口。当寄居蟹长大了，原来的房子住不下的时候，它们就会把这个房子扔掉，再找一个大一点的来住。

你真是个偷懒的家伙，自己不建房子，拿别人的来用。

寄居蟹

偏爱椰子的蟹

蟹家族中还有一种成员爱吃椰子，叫做椰蟹。椰蟹长着两只非常有力的大螯，能轻而易举地爬上高高的椰子树。夕阳西下的时候，椰蟹们就会爬上椰子树，用它们那强有力的大螯剪下椰子，并凿开椰子的硬壳，然后痛痛快快地享受里面的汁液。由于椰蟹个头大，腹内长满了油脂，因此是很受人们欢迎的美味佳肴。

椰蟹

海洋里的昆虫——虾

—— 虾的小证件 ——

家族：节肢动物门　甲壳纲　十足目
食物：藻类、浮游生物、水生昆虫等
分布：广泛分布于江河湖海中

龙虾

　　虾和蟹一样属于甲壳类动物，在江河湖海中都有分布。虾长有坚硬的外壳，从刚孵出的小虾到一只成年的虾，其间要经历20多次蜕皮过程。每蜕一次皮，虾的外壳就会变得坚硬一点。此外，虾还长有一对两倍于身长的触须，用来感知周围水体的情况。那两对触须不断地摆动，一感觉到风吹草动，虾就会立刻逃之夭夭。由于虾独特的外形，因此它们被人们称为"海洋里的昆虫"。

虾的一生

善于埋伏的虾蛄

全身披盔戴甲的虾蛄，长着一对像螳螂的前腿一样的大螯，因此它们也叫"螳螂虾"。虾蛄常常在夜深人静时埋伏在海底捕食。一旦猎物靠近，虾蛄便伸出双钳，迅速出击，"咔嚓"一声将猎物一分为二。虾蛄很聪明，它们会不辞辛苦地从远处搬来沙石，在自己居住的洞穴旁修建迷宫一样的通道。结果，海底的小动物经常自投罗网，成为虾蛄的美餐。

甲壳比甲虫的外壳还要硬。

用来游泳的腹足

这只大龙虾全身穿着盔甲，真像个威武的大将军！

龙虾的身体构造示意图

触角

威武的龙虾

龙虾是我们很熟悉的一类虾，它们长着坚硬的外壳和扇子一样的尾巴，样子就像一个威武的大将军。吃东西的时候，龙虾先用两只前足摁住食物，然后用嘴边四只好像餐刀一样的附肢把食物分割后送进嘴里。龙虾味道鲜美，具有很高的营养价值，因此很受人们欢迎。

Part 2

昆虫
KUNCHONG

　　昆虫是地球上数量最多、生命力最旺盛的一类动物。迄今为止，科学家们已经发现了将近100万种昆虫，有比人的一只手还大的甲虫，也有比一粒沙还小的飞虫。昆虫种类繁多，形态各异，但它们都有一些相同的特点。所有昆虫的身体都分为头、胸、腹三部分：头部生有眼睛、触角和口器；胸部一般生有三对足和一至两对翅膀；腹部生有生殖器官及大部分的消化系统。

团结的蚂蚁家族

蚂蚁小证件

家族：昆虫纲　膜翅目　蚁科　　种类：约11700种

食物：植物种子和昆虫等　分布：除南北极外的世界各地

蚂蚁

蚂蚁是人们最常见的一种昆虫，它们生活在一个非常有组织的大家庭中。它们一起工作，一起建筑巢穴，整天忙碌不停，目的是为了使它们的卵与后代能安全地成长。蚂蚁的大家庭内部有等级之分，每一等级的蚂蚁都有自己专门的职责。例如，雄蚁与蚁后都有翅膀，它们最主要的任务就是繁衍后代；蚁后负责产卵，大部分卵长大后都成为工蚁；工蚁都是雌性，它们负责建筑并保卫巢穴，照顾蚁后、卵和幼虫，以及寻找食物。

雄蚁

小蚂蚁，你们真是动物界的"劳动模范"啊！

忙碌的蚂蚁

建在地下的巢穴

蚂蚁的巢穴各式各样，大多建在地下，并且挖有隧道和小房间。有的蚂蚁也用植物的叶片、根茎盖成巢穴，挂在树上或岩洞间。还有些蚂蚁生活在树林里的烂木头中。更特殊的是，有的蚂蚁把自己的巢建在同伴的巢中，但是两家却能够和睦相处。

蚂蚁的大家庭

蚂蚁搬家

生活环境对蚂蚁来说非常重要，所以当巢穴变得太湿润时，它们就准备搬家了。特别是在大雨来临之前，蚂蚁会预感到大事不妙，于是成群结队地爬出来，浩浩荡荡地把家从低处搬到水淹不到的高处。

搬运食物的蚂蚁

勤劳的小蜜蜂

蜜蜂小证件

家族：昆虫纲　膜翅目　蜜蜂科　种类：约20000种
食物：花蜜和花粉　分布：除南北极外的世界各地

春天到了，百花盛开，勤劳的蜜蜂又忙忙碌碌地开始了采蜜生活。蜜蜂在采蜜的时候，它们那毛茸茸的身体总会沾满花粉。当它们在花丛中飞来飞去的时候，便把花粉从这朵花传到那朵花。于是，花儿凋谢以后便能长出更好的果实。蜜蜂生活在一个大家庭里，在这个大家庭中，有蜂后、雄蜂和工蜂，它们分工明确，各司其职，有的采蜜，有的侦察保卫，还有的负责饲喂蜜蜂幼虫。蜜蜂一生勤勤恳恳，生产出了蜂蜜、蜂浆、蜂胶等好多对人类有益的东西。

储存花蜜。　蜂巢

打扫房间。

工蜂出生。

检查归来的同伴。

用蜂蜡筑巢。

照顾蜂后。

雄蜂

工蜂

蜂后

舞蹈中的信息

蜜蜂虽然身材很小，却能飞到几千米外的地方采蜜。它们如何确定花蜜的位置呢？首先，负责侦察的蜜蜂发现蜜源后，就吸上一点花粉，然后很快地飞回来，并且不停地跳舞。如果蜜源离家很近，侦察蜂就跳圆形舞；如果蜜源离家很远，侦察蜂就跳"8"字舞。同伴们通过侦察蜂所跳的舞姿，就知道蜜源在什么方位了。

蜜蜂

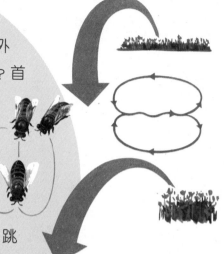

蜜蜂的舞蹈

酿制蜂蜜

工蜂发现花蜜后，会停在花朵中央，伸出管子一样的舌头。它们的舌头上有一个"蜜匙"，用来把花蜜送进喉咙。当它们的舌头一伸一缩时，花蜜就顺着舌头流到胃中的蜜囊里去了。它们吸完一朵再吸一朵，直到把蜜囊装满为止。采完花蜜，工蜂会返回巢穴，把花蜜吐到一个空的蜂房中。到了晚上，它们再把花蜜吸到自己的蜜囊里调制，然后再吐出来，再吞进去，要这样吞吞吐吐200来次，才能酿成香甜的蜂蜜。

蜜蜂竟然用跳舞来传达信息，真是聪明的动物。

正在采蜜的蜜蜂

21

美丽的蝴蝶

蝴蝶小证件

家族：昆虫纲　鳞翅目　蝶亚目　种类：约15000种

食物：花粉、花蜜等　分布：除南极洲之外的各大洲

在美丽的花丛中，我们经常可以看到扇动着五彩缤纷翅膀的蝴蝶。蝴蝶是最美丽的昆虫之一，它们大小不一，形状各异。有的蝴蝶身披光亮的绿色和黄色鳞片，有的浑身闪耀着天蓝的光芒，有的翅膀上还有各种美丽的图案……我们平常见到的蝴蝶能传播花粉，是益虫。但当它们还是幼虫的时候，会吃各种各样的庄稼，给农作物带来危害。例如，稻苞虫对水稻有害，菜青虫会危害蔬菜，等等。

刚从蛹中钻出来
的蝴蝶

各式各样
的蝴蝶

蝴蝶的一生

蝴蝶从小到大要经过四次巨大的改变。开始的时候，蝴蝶还只是一枚小小的虫卵。经过一段时间，虫卵会孵化成毛毛虫。到了冬天，毛毛虫就会变成蛹。直到第二年春暖花开，蝴蝶才会从蛹里飞出来，成为舞动在花丛间的美丽仙子。

真不敢想象，蝴蝶竟然是由这么丑陋的虫子变来的。

蝴蝶大迁徙

蝴蝶虽小，翅膀也没有鸟类发达，但却能飞到遥远的地方，寻找新的生活环境。有些蝴蝶成群结队地横渡大洋，漫天遍野，浩浩荡荡，场面分外壮观。但它们在飞行过程中，会有无数伤亡。而且，到达目的地进行繁殖后不久，它们便会相继死去。

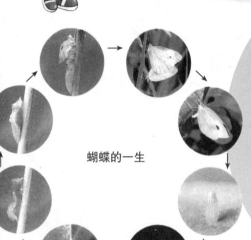

蝴蝶的一生

雨后，红点粉蝶来到河边喝水。

飞蛾小时候和长大后真是天壤之别啊!

尺蠖蛾及其幼虫

趋光昆虫——飞蛾

——— 飞蛾小证件 ———

家族: 昆虫纲 鳞翅目 种类: 约150000种

食物: 花蜜、植物汁液等 分布: 除南北极外的世界各地

人们常用"飞蛾扑火"来形容一个人自取灭亡。飞蛾为什么要往火上扑呢? 难道它们是想自杀吗? 其实, 飞蛾并没有自杀的想法。它们在发现灯火后, 会自动地与灯火保持同一个角度, 以确保安全。所以, 它们在飞行的时候需要不断改变方向, 来保持这个固定角度。结果, 它们的飞行路线就像蚊香的形状一样, 绕着灯火, 并逐渐接近灯火。事实上, 飞蛾不但不会自杀, 它们还是一种非常善于自我防卫的昆虫呢。

飞蛾

骷髅天蛾

长相特别的天蛾

　　骷髅天蛾和夹竹桃天蛾身上的图案比较有特点。骷髅天蛾身体背面长着恐怖的骷髅图案，使许多动物都不敢靠近它们。夹竹桃天蛾是身体花纹最漂亮的飞蛾之一，身体表面绿色的斑纹使它们看起来就像穿了一套迷彩服，令许多捕食者感到迷惑。

夹竹桃天蛾

外表艳丽的飞蛾

　　大蚕蛾和美洲月形天蚕蛾头部比较大。大蚕蛾的翅膀很宽阔，颜色比较鲜艳，上面还长着明显的眼状斑块。它们经常用这种眼状斑块吓退捕食者。美洲月形天蚕蛾比较肥胖，身上长着许多毛，还长着弯弯的长"尾巴"，全身呈现一种很可怕的绿色，而且翅膀上的眼点异常明亮，这些特征常令许多捕食者感到害怕而不敢接近。

美洲月形天蚕蛾

大蚕蛾

蜻蜓点水

蜻蜓小证件

家族：节肢动物门　昆虫纲　蜻蜓目　种类：约5000种

食物：蚊、蝇等昆虫　分布：除南北极以外的世界各地

每当夏天到来，我们就会在花园里、草坪上看到轻轻飞过的蜻蜓。而在池塘边，我们还会看到蜻蜓用尾巴在水面上一点，然后便飞走。蜻蜓为什么要点水呢？原来，蜻蜓通过点水，把卵产在水里。第二年春天到来的时候，蜻蜓幼虫便破卵而出。蜻蜓的幼虫生活在水里，而且要在水中生活很长时间。在这段时间里，幼虫就以捕食蚊子幼虫和小鱼为生。经过几次蜕皮，蜻蜓幼虫才能逐渐长出翅膀，在天空自由飞行。

逐渐缩小的身躯

在3亿年前，地球上就已经有了蜻蜓的身影，它们出现得比恐龙还要早。那时的蜻蜓长得非常大，双翅展开有70厘米长，像老鹰一样。它们是地球上曾经存活过的最巨大的昆虫。随着岁月的变迁，蜻蜓的身体变得越来越小。到今天，最大的蜻蜓也只有10厘米长。

古老的巨型蜻蜓

大眼睛的捉虫能手

蜻蜓整天飞来飞去，四处寻找猎物。它们主要以蚊子和苍蝇为食，是对人类有益的昆虫。蜻蜓的眼睛非常大，生长在头部最前端，并且每一只复眼由1万多只小眼组成，所以蜻蜓的视觉非常敏锐。一旦看到猎物，它们就会立刻进攻，并用长着小刺的脚把猎物钩住，然后迅速吃掉。

这么大的蜻蜓，得吃多少虫子才能填饱肚子啊！

复眼

尾部

体节

透明的翅膀

蜻蜓的身体结构示意图

天生好斗的蟋蟀

——— 蟋蟀小证件 ———
家族：昆虫纲 直翅目 蟋蟀科 食物：主要为植物，有些种类的蟋蟀吃其他小动物 分布：除南北极之外的世界各地

长长的触角可以用来探路、寻找食物。

蟋蟀是一种可爱的昆虫，因为雄性蟋蟀能发出"蛐蛐"的声音，所以人们也叫它们蛐蛐儿。

蟋蟀大多长着褐色或黑色的外壳、圆圆的脑袋和长长的触角。它们生活在土壤稍微湿润的旱田里、砖石下面与草丛间。白天，它们一般躲藏在洞穴中，夜晚才出来活动。蟋蟀们很好斗，所以经常被人类抓来进行斗蛐蛐儿比赛。但是，蟋蟀喜欢吃植物的茎、叶、根和果实，对农作物有一定的危害性。

前脚上长着"耳朵"，可以接收外界的声音信息。

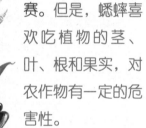

蟋蟀的同类——螽斯

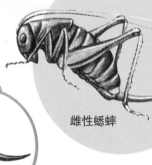

雌性蟋蟀

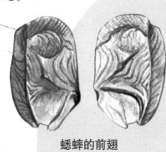

褐背蟋蟀的体色
与草丛相近。

蟋蟀的前翅

发声器官

　　每到寂静的夜晚，蟋蟀们
就会外出活动。于是，草丛中就
会传来"蛐蛐"的声音。生物学家们
发现，这些声音原来都是雄蟋蟀通过
摩擦前翅发出来的。雄蟋蟀在求偶时
会发出这种鸣声，与其他蟋蟀进行争
斗时也会发出响亮的鸣声。

防卫高手

　　蟋蟀防卫的本领可不少。首先，它们有高
超的伪装本领，它们的体色、形状和身上的图案
都有利于它们与周围的环境融为一体。而且，蟋
蟀是个跳跃能手。它们长着一对强有力的后腿，
一旦遇到危险，就可以借助跳跃迅速地逃生。

蟋蟀通过前翅
左右摩擦发出
声音。

这蟋蟀油光发
亮，一看就不是
个好惹的家伙。

蟋蟀长着强有
力的后腿。

蟋蟀很好斗。

动作敏捷的螳螂

螳螂小证件

家族：节肢动物门　昆虫纲　螳螂目　　种类：约1585种

食物：各种昆虫　　分布：除南北极外的世界各地

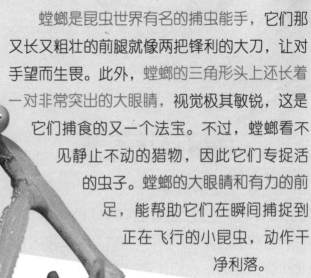

螳螂的眼睛在白天是透明的，夜晚就变成不透明的。这样，它们在暗处也能看清东西了。

螳螂是昆虫世界有名的捕虫能手，它们那又长又粗壮的前腿就像两把锋利的大刀，让对手望而生畏。此外，螳螂的三角形头上还长着一对非常突出的大眼睛，视觉极其敏锐，这是它们捕食的又一个法宝。不过，螳螂看不见静止不动的猎物，因此它们专捉活的虫子。螳螂的大眼睛和有力的前足，能帮助它们在瞬间捕捉到正在飞行的小昆虫，动作干净利落。

正在捕猎的螳螂

变色螳螂

　　螳螂有一身保护色，能随着生活环境的改变而变换不同的体色。夏天，它们和树叶、杂草的颜色一样，为绿色，便于隐藏在绿叶中捕捉小飞虫。到了秋天，螳螂的体色会随着周围草木颜色的改变而改变。这时候，它们大多变为黄色或褐色，令小飞虫防不胜防。

螳螂和周围环境混为一体。

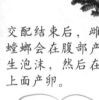

交配结束后，雌螳螂会在腹部产生泡沫，然后在上面产卵。

这些螳螂长得真奇怪啊！

吃掉"新郎"

　　在昆虫家族中，螳螂的家庭生活很特殊。在雌雄螳螂交配过程中，雌螳螂会咬着雄螳螂的头吃起来，直到吃光为止。为什么会发生这样的悲剧呢？这是因为雌螳螂产卵需要大量的营养，但从它们所吃的小昆虫中获得的营养是远远不够的，所以它们才会把雄螳螂当成食物。

长脚螳螂在进攻时，会将前腿举起。

红花螳螂好像一片花瓣。

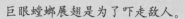

巨眼螳螂展翅是为了吓走敌人。

蝉的盛夏鸣唱

—— 蝉的小证件 ——

家族：昆虫纲　同翅目　种类：约2000种
食物：植物汁液　分布：除南北极外的世界各地

在炎热的夏季，我们常常能够听到蝉在树上发出嘹亮的歌声，开始时是沉闷的"咚咚"声，而后逐渐变成欢快的"歌唱"，震耳欲聋。天气越闷热，蝉叫得越欢，时间越长。可是，凉风一吹，它们就默不作声了。蝉为什么要唱歌呢？这是因为雄蝉要吸引雌蝉，举行"婚礼"，所以才会大声"唱歌"。当雄蝉和雌蝉在完成延续种族的任务后，就会双双死去。

蝉具有刺吸式口器，用以吸食植物的汁液。

出色的"歌手"

蝉的"歌声"并不是用嘴发出来的。实际上，蝉是动物中出色的鼓手。它们的腹部两侧，各有一片富有弹性的薄膜，好像鼓膜一样，里面还有天然的"扩音器"。蝉在高声唱歌时，不是用锤敲，而是用肌肉扯动"鼓膜"发出颤音，颤音通过"扩音器"后，就变得十分响亮了。

蝉

蝉的发声器

短命还是长寿

蝉是世界上寿命最长的一种昆虫，可是它们的一生差不多都在地下度过。蝉的幼虫一般要在地下生活2～6年，然后在阳光下歌唱一个月就死去。蝉的幼虫从孵化出来开始，就钻进地下。成千上万的幼蝉住在地下，从树根上吸取汁液，过着暗无天日的生活。

生活在地下的蝉的幼虫

从幼虫变成成虫，蝉的一生真是历经坎坷啊！

蝉的生命周期

刚刚完成蜕皮的蝉

织网高手——蜘蛛

—— 蜘蛛小证件 ——

家族：节肢动物门 蛛形纲 蜘蛛目 种类：约35000万种
食物：各种小昆虫 分布：除南北极外的世界各地

"南阳诸葛亮，稳坐中军帐。排起八卦阵，单捉飞来将。"这个谜语猜的是哪一种动物呢？答案就是蜘蛛！蜘蛛有多种类型，但身体结构是相同的。每只蜘蛛都由头胸部和腹部组成，头胸部还长有8条细长的腿。它们躲在黑暗的角落，编织着各种各样的"八卦"网，等着猎物自投罗网。蜘蛛没有强壮的体魄，它们生存的法宝就是那张网。不同种类的蜘蛛有自己独特的织网方法，并根据不同环境编织不同的蛛网。有的蛛网是圆形的，有的是三角形的，还有漏斗状的和渔网一样的蛛网。

长腿蜘蛛一般生活在房间里，能捕捉蟑螂。

美丽的蛛网

拥有"视力"的蛛网

蜘蛛视力很差，几乎看不见什么东西。那它们是怎么捕食的呢？原来，蜘蛛可以灵敏地感受到蛛网的振动，并由振动准确地判断网上猎物的大小、位置和死活。所以蛛网就相当于蜘蛛的眼睛，同时又是极妙的捕食工具。

有这么厉害的捕食工具，蜘蛛肯定吃喝不愁了。

准确的气象预报

　　蜘蛛是个义务的气象预报员。如果我们见到蜘蛛张网，预示着雨天就会变晴；如果见到蜘蛛收网，则预示着晴天将变成雨天。蜘蛛为什么能准确地预报天气呢？这是因为当阴雨天气要来临时，蜘蛛腹部的吐丝器很难吐丝，因此蜘蛛便收网。相反，天气转晴时，蜘蛛吐丝顺利，所以便张网捕虫了。

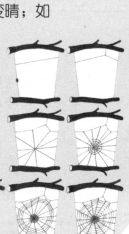

蜘蛛结网的顺序

蜘蛛

35

带刺的"武士"——蝎子

───────── 蝎子小证件 ─────────

家族：节肢动物门　蛛形纲　蝎目　种类：800余种

食物：蟋蟀、蝗虫、飞蛾等昆虫　分布：除南北极外的世界各地

高翘着尾巴的蝎子

如果有人心肠狠毒，人们就会用"毒如蛇蝎"一词来形容他。这是因为蝎子体内有和毒蛇一样的毒素，那些毒素对人类和其他动物来说是致命的。蝎子的剧毒不在心脏，更不在牙齿，而是在高高翘起的尾巴尖的毒刺里。毒刺里的毒液主要有两种：一种毒性比较小，对人类和其他动物不起作用；另一种毒性很强，能使人类和其他动物死亡。蝎子虽然有毒，但它们的毒液对人类来说却是一种难得的药物。蝎毒可以止痛，因为里面的特殊成分可以起到以毒攻毒的作用。所以，人们还大量养殖蝎子。

蝎子斗蜈蚣

群居生活

　　蝎子喜欢又湿又热的环境，常常夜晚出来活动。它们大多数在固定的窝里群居，很少同时拥有几个窝。蝎窝内，大大小小、老老少少的蝎子总是和睦相处。但如果不是同一窝的蝎子，相遇后就会打得你死我活。

蝎子表达爱意真特别，就像在跳舞一样。

雌雄蝎子正在交配。

繁殖和哺育

　　蝎子不仅长得奇怪，而且表达爱意的方式也很独特。在繁殖的季节，雌蝎和雄蝎会跳一种很独特的舞蹈。然后，雌蝎就开始产卵，一次能产15～35颗，但是它们把卵放在体内孵化，等到时机成熟才把卵排出来。几分钟后，小蝎子便撑破卵壳爬了出来。出生后的小蝎子会爬上妈妈的背，一直待到可以自己走路为止。

刚出生的小蝎子都生活在妈妈的背上。

动物世界大百科

身披星星的"花大姐"

―――――― 瓢虫小证件 ――――――

家族：昆虫纲 鞘翅目 瓢虫科　种类：约5000种　食物：蚜虫 粉
虱、叶螨等，有的也吃植物和马铃薯　分布：除南北极外的世界各地

瓢虫是一种甲虫，它们长着鼓鼓的身体，背上有两层翅膀，上层是坚硬的外壳，下层是薄薄的翅膀。瓢虫的颜色鲜艳多彩，还有形形式式的斑纹，因此人们也叫它们"花大姐"。瓢虫身上的斑纹不仅漂亮，还能显示出它们的年龄。它们刚刚变成成虫的时候，外壳是浅黄色或淡红色的，慢慢才显出黑色的斑纹。因此，看看瓢虫的颜色，我们就能知道它们的年龄大小了。大部分瓢虫喜欢吃害虫蚜虫，因此这些瓢虫是人类的朋友。

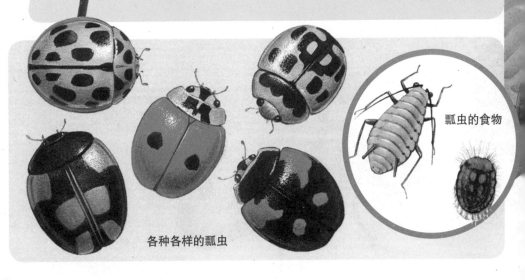

各种各样的瓢虫

瓢虫的食物

38

蚜虫的天敌——七星瓢虫

七星瓢虫颜色鲜艳，背上有7块黑斑，它们是蚜虫的天敌。有趣的是，七星瓢虫的数量会随着蚜虫的多少而变化。蚜虫多，七星瓢虫也多；蚜虫少，七星瓢虫也相应减少，好像它们是专为捕食蚜虫而生。

正在吃蚜虫的七星瓢虫

七星瓢虫不但长得漂亮，还能帮人们消灭害虫！

斑块最多的瓢虫

在瓢虫的家族中，斑块最多的要数二十八星瓢虫了。它们的大小和七星瓢虫差不多，只是背上有28个黑斑。不过它们以马铃薯为食，是对人类有害的瓢虫。

39

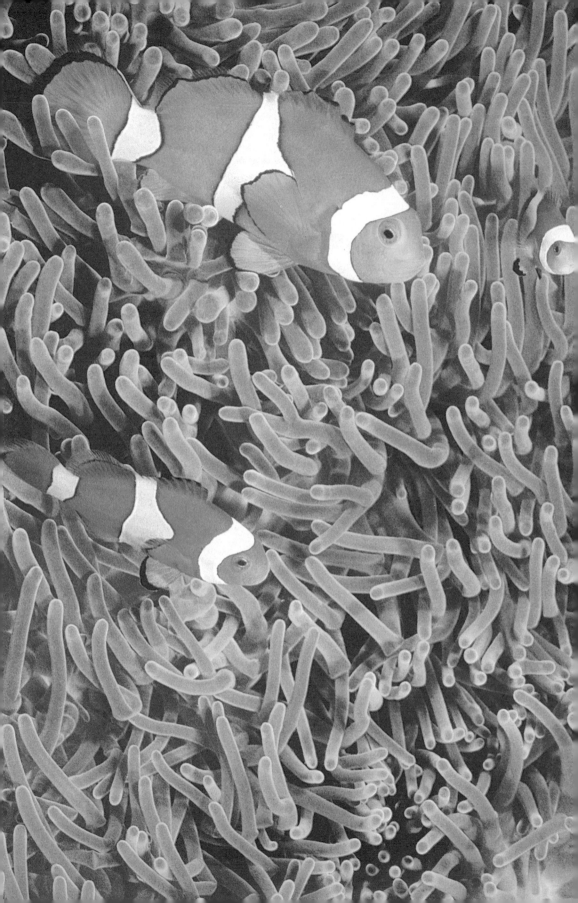

Part 3

鱼
YU

在人类目前已知的脊椎动物中，鱼类大约有45000种。鱼类是最古老的脊椎动物，大约出现于5亿年前。它们分布在世界各地的水域中，这些水域既包括冰冷的极地海洋及温暖的热带海洋，也包括大河、大湖、小池塘甚至漆黑的地下河流。鱼类靠它们有力的尾部和鳍在水中活动。鱼类生存需要氧气，但不用游到水面呼吸，在水下它们就能获得氧气。

海上"杀手"——鲨鱼

鲨鱼小证件

家族：软骨鱼纲　鲨目　种类：约340种
食物：浮游生物和一些海洋动物　分布：各大海洋中

　　提起鲨鱼，人人都害怕，因为它们不仅是鱼类中的霸王，有时候还会吃人。但实际上，只有极少数的鲨鱼会主动攻击人类，并且还是在它们非常饥饿并闻到血腥味的时候。那么鲨鱼主要吃什么呢？其实，鲨鱼主要以微小的浮游生物为食，还吃一些小鱼、海龟、海鸟、海豹等动物。不过令人惊奇的是，鲨鱼还能吃下尼龙大衣、笔记本、碎布片、皮靴、汽车牌，以及钢盔等无法消化的东西。鲨鱼的牙齿真是锋利呀！

双髻锤头鲨

鲸鲨

背鳍

强有力的尾鳍

腹鳍

鲨鱼的身体结构示意图

凶猛的鲨鱼

强健的体格

鲨鱼与其他鱼类相比，没有鱼鳔，不能自由地上浮和下沉。因此鲨鱼只能不停地游动，这样才能保证不沉入海底。但也正因为这样，鲨鱼的体格才变得十分强健，成了鱼类中的强者。

不停游动
的鲨鱼

鲨鱼的样子真
是太可怕了。

易掉的牙齿

鲨鱼的牙齿都没有牙根，所以一点也不牢固，每次吃东西的时候，总会有牙齿掉下来。不过不必担心鲨鱼会掉光所有的牙，因为它们有好几排牙齿，前排的掉了，后排的还可以用。所以鲨鱼一点也不担心自己会没有牙齿，被其他鱼类欺负。

鲨鱼长有好
几排牙齿。

43

游动的"旗帜"——旗鱼

—— 旗鱼小证件 ——

家族：硬骨鱼纲　鲈形目　旗鱼科　种类：约13种

食物：小型鱼类　分布：热带和亚热带海域

旗鱼是一种大型海鱼，身体滚圆粗壮，可以长到小轿车那么长。旗鱼的背上长着一个又长又高的背鳍，可以自由折叠。竖起来的背鳍仿佛一面迎风招展的旗帜，旗鱼因此得名。旗鱼是鱼类中的游泳冠军，游泳速度能达到每小时110千米，连最快的轮船也追不上它们。旗鱼之所以能游得这么快，是因为它们生活在水流很急的海里，如果游得慢就会被海浪卷走。所以经过长期的锻炼，旗鱼就游出了惊人的速度。

旗鱼的背鳍像一面迎风招展的旗帜。

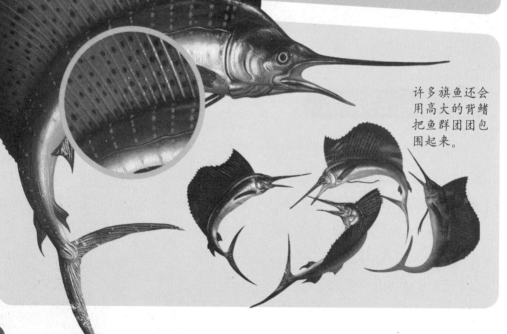

许多旗鱼还会用高大的背鳍把鱼群团团包围起来。

海中畅游

旗鱼在海中漫游时，会把大旗一样的背鳍露出水面，顺风前进。如果要加速游，旗鱼就把背鳍收拢，藏在后背的凹陷里，以减少游泳时的阻力。同时旗鱼长剑般的大嘴能够把水很快地分向两旁，于是它们就像离弦的箭那样飞速前进了。

大旗一样的背鳍能迎风转向。

遇到旗鱼这个恶霸，小鱼们注定在劫难逃了。

旗鱼冲进鱼群捕食。

旗鱼正在攻击鲨鱼。

蛮横的海中小霸王

旗鱼是肉食性鱼类，生性凶猛，经常闯进其他鱼类的队伍里捕食。它们扯起大旗一样的背鳍，用箭一样的长嘴东砍西刺，身边的鱼儿一会儿就被它们刺得遍体鳞伤，纷纷逃命。而旗鱼却趁机把一些被它们杀死的鱼吃掉，然后大摇大摆地游走。

会"飞"的鱼——飞鱼

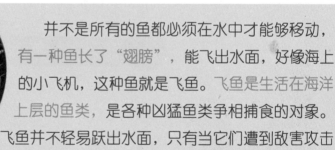

飞鱼小证件

家族：硬骨鱼纲　颌针鱼目　飞鱼科

种类：约50种　　食物：细小的浮游生物

分布：热带及暖温带海域，其中太平洋中种类最多

飞鱼的食物

并不是所有的鱼都必须在水中才能够移动，有一种鱼长了"翅膀"，能飞出水面，好像海上的小飞机，这种鱼就是飞鱼。飞鱼是生活在海洋上层的鱼类，是各种凶猛鱼类争相捕食的对象。

飞鱼并不轻易跃出水面，只有当它们遭到敌害攻击的时候，或者受到轮船引擎震荡声刺激的时候，才施展出这种本领来。可是，这一绝招并不是很保险。有时它们在空中飞翔时，会被空中飞行的海鸟所捕获，或者撞在礁石上丧生。

艰难的飞行

　　飞鱼其实不能像鸟一样自由地飞翔。当它们准备离开水面时，必须先在水中高速游泳，并用尾巴使劲拍水，然后全身才能腾空飞起来。飞在空中的飞鱼趁机打开又长又亮的胸鳍与腹鳍快速滑翔，它们的"翅膀"并不扇动，"飞行"的推动力来自它们的尾鳍。

飞鱼的同类

飞鱼的飞行过程

飞鱼产卵

飞鱼长着这么大的胸鳍，怪不得能够飞行。

　　每年的四五月份，便是飞鱼的产卵季节。飞鱼的卵又轻又小，表面还有凸起，很容易挂在海藻上孵化，因此飞鱼习惯于在茂密的海藻中产下自己的卵。由于飞鱼卵是一种非常美味的食品，因此，渔民们常常把许多长长的挂网放在海中，使飞鱼好像游进了密密麻麻的海藻里，于是它们便在网中产卵了。

小飞鱼慢慢长出翅膀一样的胸鳍。

鲑鱼的寻根之旅

鲑鱼是河流中体形最大的鱼类之一。它们在河流中出生以后，会本能地游向大海，然后在海中自由地生活上几年。但此后，鲑鱼一定要游回故乡产卵。鲑鱼回家的路途十分遥远，而且需要逆流而上。在这段旅程中，鲑鱼会遇到瀑布、水坝的阻挡，有时还会遭到熊的捕杀。但是它们毫不害怕，勇敢地冲过去，哪怕遍体鳞伤，骨头都露出来，也要向着家的方向游，直到到达目的地。

不同种类的鲑鱼

鲑鱼的孵化过程

"家"的记忆

鲑鱼为什么能长途跋涉找到故乡呢？科学家发现，鲑鱼的每块出生地都有独特的气味。当鲑鱼逆流而上时，会闻到从出生地飘下来的它们所熟悉的气味，所以它们从不迷路。当到了出生地后，它们就开始兴奋地嬉戏打闹。

鲑鱼的故乡在寒冷的北方河流中。

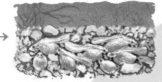

刚刚孵化出来的小鲑鱼带着卵黄。

 鲑鱼产卵

鲑鱼历经千辛万苦，返回故乡产卵。产卵前，雌鲑鱼先用肚子和尾巴清除河底的淤泥和杂草，做一个圆形的产床，这才开始产卵。但由于鲑鱼长途跋涉太累了，甚至等不到卵孵化出来，它们的生命就结束了。

鲑鱼努力回到故乡。

鲑鱼会在大海中生活上几年。

小鲑鱼顺着河水游向大海。

鲑鱼到达出生地后开始产卵。

产卵后，鲑鱼死去。

走，跟着鲑鱼进行一次寻根之旅。

鲑鱼的食物

鲑鱼又叫"大麻哈鱼"，生在河流中，长在大海里。

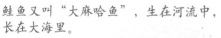

49

水中"老者"——鲇鱼

鲇鱼小证件

家族：硬骨鱼纲　鲇形目　鲇科　种类：约1500种　食物：小鱼和其他小型动物　分布：陆地淡水中，海水中也有少量分布

在池塘或河川等淡水水域中，生活着一种长着胡须的鱼。

它们的身体表面通常不长鳞片，头扁扁的，嘴巴大大的，嘴边长着数条长须。这种鱼的学名叫做鲇鱼，长胡须是它们用来辨别味道的重要工具，也是它们的特征。除了陆地淡水中，海里也生活着数量很少的鲇鱼。生活在海水中的鲇鱼有一种叫做海鲇，它们的胸鳍上有尖锐的毒刺，蜇人后，人会感到全身疼痛，而且伤口很久才能痊愈。

鲇鱼

玻璃鲇鱼

鲇鱼的正面

鲇鱼的食物

群居的鳗鲇

鳗鲇喜欢栖息在港湾多泥沙的海区，它们通常过群居生活。鳗鲇白天隐藏在岩石后面，晚上集体出来觅食。鳗鲇的背鳍、胸鳍、臀鳍上的刺有毒，如果人类不小心被刺伤，不但剧痛难忍，而且关节也会受到影响，所以必须快速将刺伤部位的血挤出，将伤口附近的血管扎紧，并尽快到医院治疗。

电鲇长得这么不起眼，没想到却有这么大本领。

电鲇

会放电的电鲇

电鲇是一种会放电的鱼，主要生活在非洲的热带淡水水域。它们的发电器官分布在皮肤和肌肉之间，头部为正极，尾部为负极，电流从头部流向尾部。当电鲇在水中活动时，身体的任何部位碰到敌人或其他物体，马上就能产生一股强大的电流，把对方击倒，有时甚至能电死比它们大得多的水生动物。所以，电鲇又被称为"水中高压电"。

颜色鲜艳的锦鲤

鲤鱼跃龙门

鲤鱼小证件

家族：硬骨鱼纲　鲤形目　鲤科　种类：约2900种　食物：田螺、昆虫幼虫、水生植物等　分布：除大洋洲和南美洲外的世界各地

　　在中国，鲤鱼是一种吉祥物，被人们当作富裕、如意、勇敢、善良的象征。在中国的民间故事中，鲤鱼能顺着黄河逆流而上，最后跳过龙门变成龙，所以中国民间有"鲤鱼跃龙门"的说法。这个说法是怎么来的呢？原来，鲤鱼很喜欢跳出水面。尤其在快要产卵的时候，鲤鱼会变得十分兴奋，跳出水面玩耍。人们见到这种情景，就说它们是在"跃龙门"。别看鲤鱼爱玩耍，其实它们性情温驯，相互之间和平友爱，不会以大欺小、以强欺弱，经过饲养的鲤鱼还能与人亲近。

产卵时，雌雄鲤鱼互相追逐嬉戏。

鲤鱼磨牙

刚孵化出来的小鲤鱼主要吃水中的浮游植物。当它们长到20毫米时，改吃小型水生动物。成年时，鲤鱼可以吃很多东西，如田螺、昆虫幼虫以及多种水生植物。所以，在鲤鱼集中的地方，人们常常会听到"嚓嚓"的声音，这是鲤鱼用牙齿在研磨食物。

鲤鱼竟然长得这么漂亮，难怪人们都喜欢它们。

鲤鱼和它的食物

冬天，鲤鱼成群地藏在水底的烂泥中，好像死了一样，一动不动。

鳞片上的"年轮"

大自然中，不仅树木有年轮，鱼类也有"年轮"。鲤鱼的鳞片上有许多同心圆，这就是它们的"年轮"。这些同心圆是由于鲤鱼在不同季节，生长速度不同而形成的。只要数一下鱼鳞上同心圆的多少，就知道它们活了几个年头了。

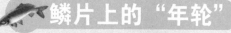

53

色彩鲜艳的金鱼

金鱼小证件

家族：硬骨鱼纲　鲤形目　鲤科　种类：500多种　食物：水蚤、水蚯蚓、浮萍等　原产地：中国浙江省的杭州和嘉兴

金鱼是中国特有的一种鱼。它们的颜色有红、黄、紫、蓝、黑和透明等，仿佛水中游动的花朵。因为它们形态多样，色彩鲜艳，活泼可爱，因此受到了人们的喜爱，被当作了观赏鱼。其实，金鱼原本是没有的，它们是由我们常吃的鲫鱼演变而来的。开始，鲫鱼先由银白色变为红黄色的金鲫鱼，然后再经过很长时间的人工喂养，红黄色鲫鱼就逐渐变成了漂亮的金鱼。

金鱼

金鱼是中国特有的一种观赏鱼。

金鱼竟然是由鲫鱼变来的，大自然真是太神奇了！

永远睁着的双眼

金鱼的眼睛很奇怪：没有眼皮，眼睛永远是睁着的，就是睡觉时也不例外。金鱼为什么没有眼皮呢？这是因为金鱼生活的水中没有灰尘，不需要用眼皮来保护眼珠。而且，金鱼睁眼还有两大好处：一是如果敌人来袭击，见金鱼眼睛大睁，就会吓得退避游开；二是睁大眼睛有利于捕捉猎物。

金鱼的眼睛没有眼皮。

金鱼变色

金鱼刚孵化出来的时候全身透明，长到1个月左右时就开始出现各种各样的斑点。金鱼的颜色在夏天变得最快，最明显，到了冬天就不再变色。另外，如果水温长期超过30℃，金鱼不但会失去光泽，而且容易生病。

金鱼对温度十分敏感。

狡猾而凶残的狗鱼

——— 狗鱼小证件 ———

家族：硬骨鱼纲　鲑形目　狗鱼科
种类：共5种　食物：鱼、蛙、鼠以及
其他小型动物　分布：北半球寒带到
温带的广大地区

　　狗鱼是河流中生性粗暴的肉食鱼。它们喜欢躲在水草丛中，随时准备冲出来抓住路过的小鱼，有时候还能捕到小鸭子和青蛙。狗鱼家族中，雌鱼比雄鱼体形大，也更凶残一些，只有在生殖阶段，雄鱼才敢靠近雌鱼。狗鱼不仅凶残，而且很狡猾。每当它们看到小鱼游过来时，就会耍花招用尾巴使劲把水搅浑，让对方看不到自己。然后，狗鱼一动不动地等待，当小鱼游到近处，它们就猛地一口把小鱼咬住，接着三下五除二地吃掉一大半，剩余的就挂在牙齿上，留着下次再吃。

狗鱼生性凶猛，有时还袭击体形比自己大很多的水獭。

鱼

深度 "近视眼"

如果把一条死鱼放在狗鱼身旁，狗鱼碰都不碰它一下。但如果把这条死鱼在水中移动，装成活鱼的样子，狗鱼就会立即赶过来，把死鱼一口吞下。这是为什么呢？原来狗鱼几乎看不见东西，它们是通过身上的"侧线"来测定猎物方向的。狗鱼的侧线是一列具有纵沟纹的鳞片，它能够很灵敏地感受到周围环境的细微震动。

凶残的狗鱼

各种狗鱼

在水里遇到狗鱼，水獭只能自认倒霉了。

致命的牙齿

狗鱼长有满满一嘴的牙齿，而且形状不一，十分锋利。长在前面的牙齿很小，当狗鱼捉到食物时，会用这些细密的牙齿来慢慢咀嚼。狗鱼嘴两边的牙齿比较大，并且向里倾斜，所以猎物一旦被咬住就难以逃脱。

狗鱼的牙齿

剧毒的诱惑——河豚

河豚小证件

家族：硬骨鱼纲 鲀形目 鲀科　种类：约43种　食物：水生无脊椎动物、蟹等　分布：温带、亚热带和热带海域以及部分淡水中

　　河豚大多是热带海鱼，只有少数几种生活在淡水中。河豚身上具有鲜艳的花纹和斑点，整个身体像个圆圆的水桶。河豚的身体里还有气囊，遇到危险的时候，它们会很快地喝水，身体膨胀到原来的三倍。这时的河豚活像一个浮在水面上的气球。河豚的肝脏、血液、眼睛和皮肤里都含有能毒死人的毒素，这种毒素能使人神经麻痹、呕吐、四肢发冷，进而心跳和呼吸停止。虽然品尝河豚要冒着生命危险，但是由于河豚的味道十分鲜美，所以还是有人冒着生命危险去吃河豚。

河豚的正面

周身带刺的刺河豚

刺河豚是河豚的同类，身上长着密密麻麻的针刺。在风平浪静的日子里，刺河豚看上去与其他鱼没有什么不同，但一遇到危险情况，马上就变成一副紧张的模样：全身的刺都向四周竖起，身体一部分浮在水面之上，一部分在水面之下。这样，不管是来自水上还是水下的进攻，刺河豚都不怕了。

吸入空气后，有些河豚还能将肚皮朝向水面。

这么大的脑袋上却长着一张樱桃小口，真滑稽！

外形怪异的翻车鱼

翻车鱼也是河豚的同类。这种鱼长得颠三倒四，好像只有头没有身体。它们不怎么会游泳，只能靠两片长长的背鳍来回摆动，缓缓前进或随波漂流。有趣的是，翻车鱼头很大，却长着一个樱桃似的小嘴，样子十分滑稽。尽管翻车鱼的嘴不大，但它们却喜欢吃身上长满螫刺的水母！

河豚的同类——翻车鱼

食人鱼及其食物

"铜牙铁齿"食人鱼

食人鱼小证件

家族：硬骨鱼纲　脂鲤目　脂鲤科　种类：20多种

食物：主要为鱼类，也吃落入水中的其他动物　分布：亚马孙河流域

　　我们都知道：大鱼吃小鱼，小鱼吃虾米。可是在南美洲亚马孙河流域的一些河流和湖泊中，却生长着一种十分凶猛的鱼。它们甚至会把在河边洗衣服和洗澡的人活活吃掉！食人鱼为什么会有这么大的"胃口"？因为食人鱼尖尖的牙齿像医生的手术刀一样锋利，可以咬穿牛皮和硬邦邦的木板，还能把钢铁的鱼钩一口咬断。一旦被咬的猎物出血，食人鱼就变得更加疯狂。所以，即使平时在水中称王称霸的鳄鱼，一旦遇到了食人鱼，也会吓得逃之夭夭。

围剿战术

食人鱼总是成百上千条聚集在一起，利用灵敏的视觉和嗅觉寻找进攻目标。它们有胆量袭击比它们自身大几倍甚至几十倍的动物，而且还有一套行之有效的"围剿战术"。当它们猎食时，总是首先咬住猎物的致命部位，使其失去逃生的能力，然后成群结队地轮番发起攻击，一个接一个地冲上前去猛咬一口，直到把对方吃得只剩下一堆白骨。

没想到不起眼的食人鱼，胃口竟然这么大。

食人鱼正在猎食掉进水中的牛。

雌食人鱼在水中产卵。卵孵化后，雄鱼就守在小鱼身边。

对付食人鱼

为了对付食人鱼，许多鱼类发展了自己的"先进武器"。比如有些鱼身上带电，可以放出强大的电流，能把30条食人鱼送上"电椅"处死。还有一种鱼叫刺鲶，它们则善于利用自己锐利的棘刺，一旦被食人鱼盯上了，它们就以最快的速度游到最底下的一条食人鱼腹下，不管食人鱼怎样游动，它们都与之动作同步。食人鱼要想对它们下口，刺鲶马上脊刺怒张，使食人鱼无可奈何。

美丽温顺的蝴蝶鱼

—— 蝴蝶鱼小证件 ——

家族：硬骨鱼纲 鲈形目 蝴蝶鱼科　　种类：约90种

食物：水生无脊椎动物等　　分布：热带地区的珊瑚礁周围

在地球上的热带海洋里，生活着美丽的蝴蝶鱼。它们跟陆地上的蝴蝶一样，有着五彩斑斓的色彩和图案。蝴蝶鱼因为外形漂亮、性情温和，所以被人们当作观赏鱼来饲养。蝴蝶鱼一生都住在珊瑚礁里。它们的身体扁平，所以能在珊瑚礁的缝隙中生活。平常，它们时而在珊瑚丛中钻进钻出，时而又敏捷地你追我赶，游来游去。大部分蝴蝶鱼以捕食小鱼为生，有些种类的蝴蝶鱼也用尖尖的牙齿啄食珊瑚虫和海葵的触手。

蝴蝶鱼像陆地上的蝴蝶一样漂亮。

各种各样的蝴蝶鱼

鱼

蝴蝶鱼的伪装

蝴蝶鱼生活在五光十色的珊瑚礁中，具有许多适应环境的本领。它们身上艳丽的颜色可以随时发生改变，使自己与周围五光十色的珊瑚礁融为一体。蝴蝶鱼还有更加巧妙的伪装：把自己真正的眼睛藏在头部的黑色条纹之中，而在尾巴或后背留一个大大的眼睛图案，这会使敌人感到迷惑，蝴蝶鱼则趁机逃跑。

蝴蝶鱼的假眼睛

成双成对的蝴蝶鱼

美丽的蝴蝶鱼

象征爱情的"海底鸳鸯"

陆地上的鸳鸯常常出双入对，十分恩爱，被人们看作爱情的象征。海里的蝴蝶鱼也和它们一样，大部分时间都生活在一起。它们成双成对地在珊瑚丛中追逐、嬉戏，形影不离。当一只蝴蝶鱼捕猎时，另一只就在周围警戒，保护对方。因此，蝴蝶鱼有"海底鸳鸯"之称。

双眼长一边的比目鱼

比目鱼小证件

家族：硬骨鱼纲　蝶形目　　种类：约538种　　食物：小鱼虾等

分布：沿赤道诸大洋、西太平洋等海域以及部分淡水区

在广阔的海洋深处，有一类长相古怪的鱼，它们两只眼睛的位置与众不同：在头的同一侧，所以人们称它们为"比目鱼"。又因为它们身体扁平，所以它们又叫"扁鱼"。比目鱼的身体表面有极细密的鳞片，只有一条背鳍，从头部几乎延伸到尾鳍。由于它们的身体扁平，双眼同在身体朝上的一侧，所以特别适合在海底沙层上生活。比目鱼主要生活在温带海域，是重要的经济鱼类。新鲜的比目鱼可以食用或者制作成罐头，它们的肝脏还可以提炼鱼肝油。

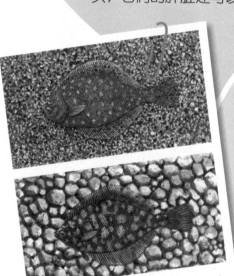

比目鱼的身体会随着周围环境的不同而变色，一般很难被发现。

比目鱼变色

比目鱼会随着周围环境的变化而改变身体颜色。这是因为，它们能利用眼睛感受外界环境的颜色。当比目鱼的眼睛受到外界颜色的刺激时，性腺也会随着受到刺激。这些刺激通过神经系统，改变皮肤细胞所含色素微粒的排列，从而使它们改变皮肤的颜色。

比目鱼

"搬家" 的眼睛

比目鱼的眼睛是怎样凑到一起的呢？

其实，刚孵化出来的小比目鱼的眼睛也是生在两边的。可是当它们长到1厘米长时，奇怪的事情发生了：一边的眼睛开始"搬家"，一直移动到跟另一只眼睛接近时，才停止不动。因为比目鱼的头骨不是很硬，容易受到肌肉的牵引，所以不会对眼睛的移动造成阻碍，反而会随着眼睛一起"搬家"，变得弯曲。

比目鱼有这种奇特的本领，就很容易捕食了。

比目鱼正藏在沙子里，察看周围的动静。

比目鱼突然从沙子里冲出，捕捉猎物。

伺机而动的猎手

比目鱼的生活习性非常有趣，在水中游动时不像其他鱼类那样脊背向上，而是有眼睛的一侧向上，侧着身子游泳。它们常常平卧在海底，在身体上覆盖一层沙子，只露出两只眼睛以等待猎物、躲避捕食。这样一来，两只眼睛在一侧的优势就显示出来了，当然这也是动物进化与自然选择的结果。

比目鱼的两只眼睛长在身体的一侧。

酷爱爬行的弹涂鱼

弹涂鱼小证件

家族：硬骨鱼纲　鲈形目　弹涂鱼科　种类：20余种　食物：浮游动物、昆虫等　分布：热带、亚热带近岸浅水区；非洲西岸、印度——西太平洋暖水区

弹涂鱼

常言道"鱼儿离不开水"，可是生活在一些海滩上的弹涂鱼却能离开水生活。这种鱼体长仅数十毫米，头部又大又方，眼睛突出并能转动，胸鳍可以在陆上支撑、爬行。弹涂鱼有离水觅食的习性。每当退潮时，它们常依靠胸鳍爬行跳动在泥涂上觅食，爬到岩石、红树丛上捕食昆虫，或爬到石头上晒太阳。弹涂鱼肉质细嫩，富含油质，经济价值很高，很受人们的欢迎。

弹涂鱼的尾鳍肌肉发达，可以当作脚使用。

66

离开水后的生存技能

鱼儿的本领真不小，有的能飞，还有的能跳。

弹涂鱼尾鳍很有力，能用来跳跃。

为什么弹涂鱼离开水也能生存呢？这是因为它们不仅有鳃，而且还有多个可以呼吸的器官。离开水后，弹涂鱼的喉咙里仍然有一定量的海水供呼吸使用。最有趣的是，它们的尾鳍也有呼吸功能，所以人们经常看到弹涂鱼把身体的大部分露出水面，而尾巴却留在水中。

弹涂鱼常把身体的大部分露出水面，而把尾巴留在水里。

误入陷阱

弹涂鱼的视觉相当敏锐，一只眼睛专门用来搜寻食物，另一只眼睛却能警惕地注视着周围的动静。一受到惊吓，它们就马上跳入水中或钻进洞里。弹涂鱼特别机警，想要徒手捉住它们可不是一件容易的事。所以，人们想出了一个办法：在海滩上埋下向上开口的竹管。当弹涂鱼受到惊吓逃命的时候，总是见洞就钻，结果就中了埋伏，成了人们的盘中餐。

弹涂鱼的洞穴在海底的泥中，冬天一到，它们便躲在里面。

防卫"专家"——海马

海马小证件

家族：硬骨鱼纲　海龙目　海龙科　种类：约33种　食物：小型甲壳动物等　分布：各海域都有分布，其中热带海域种类数量较多

海马

在一望无际的海洋中，有一种奇特的小动物，它们高昂着骏马一般的头，一身坚硬的皮肤仿佛刀枪不入的铠甲。它们就是海马鱼！海马缺少御敌武器，伪装是它们最好的保护措施。它们一般藏在厚厚的海草之中，绝不轻易暴露自己的身份。有些海马还能随着环境的变化改变身体的颜色，一会儿是海草色，一会儿是珊瑚色。除此之外，海马还长着灵巧的尾巴，它们只要钩住漂浮的海草就能逃过敌人的视线。

两只眼睛有骨头保护着，可以同时分别看不同的方向。

海马喜欢把尾巴钩在别的物体上。

海马夫妇十分恩爱。

忠贞的爱人

海马对伴侣非常忠诚。每天早上，雌海马总是准时来找它们的伴侣。虽然路上要经过许多雄海马的领地，但它们还是直奔自己的伴侣，因为它们知道"丈夫"长得什么样，住在什么地方。打过招呼之后，雌海马和雄海马会把尾巴紧紧缠绕在一起，在海草丛中悠闲地散步。

海马不仅是珍贵的海洋动物，还有着相当高的药用价值。

真神奇，海里竟然还有长成这样的鱼。

辛苦的海马爸爸

在海马的世界里，爸爸负责生宝宝。海马爸爸的肚子上有一个育儿袋，海马妈妈把卵产在里面以后，孕育小海马的光荣使命就交给爸爸了。小海马出生的时候，海马爸爸会用尾巴钩住一根结实的海草，不断地来回伸缩身体。同时，它们的育儿袋也会开一个小口，一只只小海马就会从这里跳出来。

正从爸爸育儿袋中钻出来的小海马

Part 4

鸟
NIAO

大自然赋予了鸟类飞翔的权利。它们拥有流线型的身体、发达的双翅、轻柔的羽衣和中空的骨骼，所以才可以自由地在天空中翱翔。

全世界9000多种鸟类共同组成了鸟的家族。所有的鸟都有羽毛和翅膀，甚至那些已经失去飞行能力的鸟，比如企鹅。大多数的鸟儿拥有美丽的歌喉，每日用嘹亮的歌声为这个生机盎然的世界增添一份独特的精彩。

迎风展翅的信天翁

── 信天翁小证件 ──

家族：鸟纲　鹱形目　信天翁科　种类：约14种　食物：鱼、乌贼、磷虾等　分布：南半球海域、北太平洋和赤道地带

　　海面上经常有一种海鸟迎着强风展翅飞翔，飞行方式好像滑翔机一样，而且飞行速度特别快。这种鸟就是信天翁。信天翁的个头很大，它们在岸上行走时显得有些笨拙，所以又被称为"笨鸟"。但是，这样的"笨鸟"却是滑翔高手。有风的时候，它们展开长长的翅膀，能乘着风势和气流变化在空中自由地滑翔，而且滑翔时可以连续几个小时不用拍打翅膀，真不愧是"滑翔冠军"。

展翅滑翔的信天翁

信天翁长着这么长的翅膀，难怪是个滑翔高手了。

信天翁的飞行方式

勇敢的翱翔者

信天翁是一种非常恋海的鸟，它们可以在海上漂泊几个星期，甚至几个月。它们在海洋表面栖息，捕食大量的海洋生物，比如鱼、乌贼、磷虾等。有时候，信天翁还会在行驶的船只上空一个劲儿地盘旋翱翔，时高时低，时远时近，好像在为船只导航一样。

信天翁

求偶繁殖

繁殖季节到来时，信天翁就会成群地降落在荒芜的海岛上。这时，雄性信天翁开始以一种独特的方式向雌鸟求爱。它们展开双翅，笨拙地跳起舞来，同时还发出吼声，与靠近的雌鸟互相啄嘴。如果雌雄鸟彼此满意，它们就会同时举头，大嘴朝天，互相摩擦彼此的脖子，发出欢快的叫声。信天翁夫妻间的关系一般能维持终生，它们在交配季节会返回同一繁殖地等待伴侣的回归。不过假若过了很久仍不见爱人的身影，它们也会另结新欢。

求爱的动作

73

鸟中强盗——军舰鸟

军舰鸟小证件

家族：鸟纲　鹈形目　军舰鸟科　种类：约5种　食物：鱼、软体动物等　分布：太平洋、印度洋的热带地区，中国南方沿海也有分布

军舰鸟是一种大型热带海鸟。它们虽然是海鸟，但平时却不捕鱼，只在海上到处飞翔。一旦看到其他鸟捕到了鱼，军舰鸟就从空中猛扑过去，抢走它们的食物。所以军舰鸟又被称为"强盗鸟"。有时候，军舰鸟见到鲣鸟捕到了鱼，就用大嘴叼住鲣鸟的尾巴。鲣鸟疼痛难忍，不得不张嘴吐出口中的鱼。对其他海鸟，军舰鸟采取死死纠缠的办法，直到它们主动放弃食物。甚至有时候，军舰鸟会在其他鸟喂孩子的一刹那，俯冲下去抢走食物。

军舰鸟飞行能力超群，它们能在十二级的狂风中，从天空平稳地降落到地面。

军舰鸟拥有那么强的飞行能力，却不自己捕食，真不是个好鸟！

军舰鸟在捕食刚孵化不久的小海龟。

飞行本领

　　军舰鸟胸肌发达，善于飞翔，素有"飞行冠军"之称。它们的两翅展开足有2～5米长，捕食时的飞行时速可达400千米左右，是世界上飞行最快的鸟。它们不但能飞达约1.2千米的高度，而且还能不停地飞往离巢穴1600多千米的地方，最远处可达4000千米左右。即使在12级的狂风中，军舰鸟也临危不惧，能够安全地在空中飞行、降落。

军舰鸟正在从其他鸟儿的嘴里抢食。

恶习不改

　　产卵季节来到时，成双成对的军舰鸟开始用骨头、羽毛以及树枝筑巢。但是，由于鸟儿太多，搭巢用的树枝经常不够用，这时它们就会从其他鸟巢中偷来树枝搭建自己的窝。看来这些"强盗"真是恶习难改。窝做好以后，雌鸟便在窝中产卵，然后与雄鸟一起孵卵。40天后，小军舰鸟破壳而出。如果这时有人走近，军舰鸟爸爸妈妈就会用大嘴咬住人的手腕，保护自己的孩子。

军舰鸟的喉囊能膨胀到人的头部大小。

优雅的"舞者"——鹤

鹤的小证件

家族：鸟纲　鹤形目　鹤科　　种类：约15种

食物：小鱼、甲壳类、软体动物以及昆虫等　　分布：南极洲和南美洲以外的各大陆

　　鹤是长寿、吉祥和高雅的象征。在中国的神话传说中，仙人的身边常伴有一些仙鹤，那些仙鹤也就是鹤的其中一种——丹顶鹤。丹顶鹤羽色纯洁，体态轻盈，头顶上长有一个显著的红色肉冠，好像一颗璀璨的宝石。鹤的种类有很多，每当春暖花开，各种鹤便一大群一大群从遥远的南方返回北方。鹤不但举止优雅，还是个天生的舞蹈家。它们常常一边展开翅膀，踏着优美的舞步，一边发出嘹亮的鸣叫声。有时候，其他鸟儿也会跑过来跟着它们一起跳，非常有趣。

跳舞的鹤

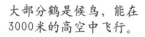

大部分鹤是候鸟，能在3000米的高空中飞行。

灰鹤

在鹤类家族中，数量最多的是灰鹤。它们头顶有红黑相间的羽毛，其余的羽毛全是灰色的。每年秋冬，灰鹤都要穿越崇山峻岭到温暖的南方过冬。灰鹤睡觉时单腿独立，把尖尖的嘴插在翅膀下。当灰鹤遇到其他鹤类时，会发出喧闹的叫声，好像在打招呼。

灰鹤一大早成群出来觅食，傍晚才回家。

鹤看起来非常高雅，难怪连神仙都喜欢它们。

孤傲的蓑羽鹤

蓑羽鹤是鹤类中体形最小的一种，全长76厘米左右，羽毛以灰色为主，背上有蓝灰色羽毛，好像披了 件蓑衣。蓑羽鹤胆小害羞，不与其他鹤类来往，经常孤零零地在水边踱步。因为它们看起来举止娴雅、稳重端庄，故又叫"闺秀鹤"。

各种鹤类

圣洁的使者——天鹅

天鹅小证件

家族：鸟纲　雁形目　鸭科　种类：7~8种　食物：水生植物、草类、谷物、昆虫和小鱼等　分布：除非洲、南北极以外的各大洲

天鹅

在东西方文化中，天鹅都是一种圣洁的象征。它们脖子细长，游泳时姿态优雅，有的婀娜多姿，有的怡然自得，所以无论是大天鹅、小天鹅还是黑天鹅，都成了纯真与善良的化身。虽然都叫天鹅，但不同名字的天鹅各有特点。大天鹅就是我们平常说的"白天鹅"，浑身雪白，声音像喇叭一样洪亮。小天鹅的脖子比大天鹅的短一些，但叫声清脆，好像哨子声，所以它们也叫"口哨天鹅"。黑天鹅则满身长着黑色卷曲的羽毛，而且嘴巴是红色的。

天鹅成群地生活在湖泊、沼泽地带。

鸟

飞翔中的天鹅

恩爱的夫妻

　　天鹅实行一夫一妻制。天鹅夫妇非常
恩爱，总是一起觅食、休息、戏水，甚至
在迁徙的途中也前后照应，从不分离。它
们一生都会守着对方，如果一只死去，
另一只会在伴侣尸体的上空盘旋，不断
发出悲伤的鸣叫，久久不肯离开。此
后，这只活着的天鹅也将单独生活，
一直到老。

天鹅总是成对地
生活在一起。

天鹅通过扇动翅
膀来表达情绪。

有这样疼爱自己
的父母，天鹅宝
宝真幸福！

天鹅的一家

　　天鹅妈妈产完卵以后，就寸步不离地守着。而天鹅
爸爸负责外出捕猎，同时还要巡视它们的领地。如果遇
到敌人入侵，天鹅爸爸便会拍打着翅膀，勇敢地上前同
对手搏斗。小天鹅出世以后，天鹅夫妇就把它们夹在中
间，教它们生存的本领。等到秋天的时候，天鹅一家便
一起飞往南方过冬了。

冬去春来的旅者——大雁

—— 大雁小证件 ——

家族：鸟纲 雁形目 鸭科　种类：约10种　食物：鱼、虾、水草以及植物的嫩叶、细根、种子等　分布：主要分布在北半球

在北方的秋天，蔚蓝的天空中常常会出现整齐的"人"字形或"一"字形的队伍。那是大雁在飞往温暖的南方过冬！冬去春来，它们又会飞回草木复苏的北方故乡繁衍生息。大雁为什么要南来北往呢？我们知道，北方的冬季冰天雪地，树木凋零，这给大雁寻找食物带来了许多困难。为了生存，它们只有结伴飞行，到气候温暖、食物丰富的南方过冬。北方的春天一到，冰雪融化，万物复苏，昆虫渐渐增多，不会再有食物短缺的问题，大雁就又返回熟悉的地方，放心地产卵、孵化小雁了。

飞行的经验

大雁来回飞行的路程十分漫长，通常要一两个月的时间。因此雁群会选举有经验、身体强壮的老雁当队长，它飞在队伍的最前面，而让年幼的小雁排在队伍中间。由于领飞时体力消耗很大，所以领头雁经常更换。飞行时，雁群不断变化队形，但无论怎么变化，队形始终井然有序。

停息在水面的大雁

大雁正排着整齐的
队伍飞向南方。

孵蛋时母雁用嘴把掉
出来的蛋拣回来。

看，大雁飞行
得多整齐啊！

🦆 不离不弃

　　雁群飞过的时候，我们常听到它们发出嘹亮的叫声，这是强壮的大雁在鼓励落后的同伴。如果哪只大雁因为生病而掉队，雁群也不会遗弃它。它们会派出一只健康的大雁，陪着它落到地上，一直等到它能继续飞行。在地面栖息时，总有一只或几只雁担负警戒任务。一旦遇到险情，警戒雁马上发出警报，全群就会立刻飞逃。

吃东西时，总
有一只或几只
雁在站岗。

空中猛禽——金雕

—— 金雕小证件 ——

家族：鸟纲　隼形目　鹰科　种类：1种

食物：大形鸟类和中小型兽类　分布：中国东北及中西部山区

金雕就是"大雕"，是十分凶悍的大型猛禽，也是中国国家级重点保护的一类鸟。金雕长着像钩子一样的嘴，粗壮的腿上披满羽毛，四根脚趾中三个向前，一个朝后，它们都是厉害无比的捕食工具。金雕既能捕食空中飞行的小鸟，也能捕捉地上跑的野鸡、野兔。它们常常飞在高山岩石之上，用敏锐的眼睛搜寻猎物，累了就在枝干粗壮的大树上休息。

金雕在山地上空慢慢翱翔，寻找地面的猎物。

金雕有坚硬的嘴、敏锐的眼睛和锐利的爪子，因此几乎没有任何天敌。

崖壁筑巢

金雕生活在连绵起伏的山岭之间，在大山里捕食，也在大山里安家。它们喜欢在悬崖峭壁上筑巢。筑巢的时候，它们先用松树、桦树的枝条垒起一个圆盘，然后用一些柔软的小草和自己的羽毛铺在巢内。因为金雕的家建在高高的悬崖上，所以其他动物和人类都很难接近。

把窝建在悬崖上，真不知道是安全还是不安全。

金雕把窝筑在险峻的山崖上，通常一窝只生两只小雕。

各种各样的雕

残酷的生存竞争

一对金雕一窝通常哺育两个孩子。当缺少食物时，先出生的小金雕就会吃掉弟弟妹妹，或者两只小金雕用力互相推挤，相对弱小的那只被挤下山崖摔死。而这时的金雕妈妈又总是容忍这种行为，因为最后至少有一个孩子可以存活。

捕猎高手——猫头鹰

猫头鹰小证件

家族：鸟纲 鸮形目 鸱鸮科　种类：180多种　食物：主食鼠类，
有时也捕食小鸟或大型昆虫　分布：南北极外的世界各地

猫头鹰也叫"鸮"，它们的脸又圆又大，很像猫的脸，所以才被称为"猫头"鹰。它们白天躲在树叶间睡觉，晚上出来觅食，是树林里的捕鼠专家。猫头鹰的视力极好，因为它们的眼睛构造很特殊，能感觉微弱的亮光。所以，即使夜幕降临，猫头鹰也能发现偷偷摸摸的老鼠。但由于它们的大眼睛都长在前面，而不像其他鸟类那样长在头两边，所以要向两边看，就必须转动它们的头，因此猫头鹰的脖子相当灵活。

猫头鹰的眼睛长在正面，它只能靠扭转脖子察看周围的情况。

猫头鹰是黑夜里的捕猎高手。

特殊的"接收器"

猫头鹰的耳朵是一个小孔，周围长着一圈特殊的羽毛，好像一个接收声音的大喇叭。而且它们的耳孔前缘有一个可以活动的耳盖，它可以起到集中声音的功能。当声音传来时，猫头鹰靠接收到的声波的强弱来判断声音发出的方向，所以只要老鼠发出一点响动，就会被它们捉住。

猫头鹰身上披满棉花一样的羽毛，飞行时没有半点声音，所以不容易被猎物发现。

猫头鹰通常在树洞里做窝。

 ## 急性子母亲

猫头鹰每窝产卵可多达12个，卵的形状为球形。猫头鹰孵蛋与其他鸟类有很大不同。大多数鸟类都是产完最后一枚蛋才开始孵，可是猫头鹰生下第一个蛋后就开始孵，然后一边产一边孵。所以当第一只小猫头鹰已长得又大又胖时，弟弟妹妹们却刚睁眼，有的甚至还没出壳呢！

猫头鹰，咱们来比一比谁的视力好！

月色中的猫头鹰

"大胃王"医生——啄木鸟

啄木鸟小证件

家族：鸟纲 䴕形目 啄木鸟科　　种类：约180种
食物：天牛、透翅蛾等昆虫　　分布：除南北极外的世界各地

啄木鸟捕捉树上的虫子，是有功的森林卫士。

啄木鸟有一个独特的本领，能发现隐藏在树皮底下和树干里的害虫，并把它们啄出来吃掉，所以啄木鸟被人们称为"森林医生"。啄木鸟的食量很大，一口气可以吞下几百条甲虫的幼虫，一对啄木鸟就能保卫一大片树林免受虫害。啄木鸟捉虫子的时候，为什么不会从树上掉下来呢？这是因为它们每只脚上有4个有力的脚趾，每个脚趾都长着长而锐利的爪子。这些爪子使它们啄食时不至于从树干上滑下来。此外，它们那粗硬的尾羽也起着一定作用，啄木鸟靠它可以牢牢地倚在树上。

各种啄木鸟

捍卫领土的宣言

许多鸟能发出婉转动听的歌声，而啄木鸟永远是"咚咚"的单调声音。啄木鸟靠喉咙发音，并伴随着敲击木头发出的声音，结果就成了这种森林中特有的响声。每年，啄木鸟都要采用"对歌"的方式，确定自己的地盘。啄木鸟的"对歌"就是它们得意的敲击木头的声音。当这边树林中"咚咚"声响起时，另一边也响起"咚咚"声对应，这其实是它们在讨论领土的问题。

啄木鸟在树洞里做窝，窝里通常铺着一层木屑。

爱干净的啄木鸟正在把巢里的脏东西叼出去。

捉虫的技巧

危害树木的害虫藏在树洞很深的地方，但啄木鸟却有一套巧妙的办法来对付它们。原来，在啄木鸟坚硬的嘴里有一条细长灵敏的舌头，能毫不费力地钻入树洞，再加上舌头上的黏液，小虫就被粘出来了。有些啄木鸟的舌尖上还有细钩，能把细小的蠕虫也钩出来。

啄木鸟长着一条灵巧的舌头。

啄木鸟的舌头这么长，真是捉虫的好"法宝"。

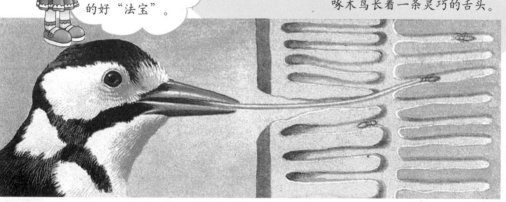

善于口技的鹦鹉

—— 鹦鹉小证件 ——

家族：鸟纲 鹦形目 鹦鹉科 种类：330多种 食物：植物的种子、果实、嫩
叶等 分布：温带、亚热带、热带的广大地域，以热带和亚热带雨林中最多

鹦鹉是世界上最美丽、最会鸣叫的鸟类。许多鸟能模仿它们听到的各种声音，而鹦鹉能模仿人类说话时所发出的声音，所以很受人们的喜爱。鹦鹉在鸟类中很容易辨别，它们的羽毛艳丽多彩，有红色、白色、绿色、黄色等各种色彩。此外，它们还长着强劲有力的嘴，可以用来啄食硬壳果。鹦鹉通常成群地生活，一起飞行觅食。它们在飞行时，利用发出的尖叫声与同伴联络。如果有一只鹦鹉发现了食物，它便会发出兴奋的尖叫声，通知同伴们赶来。

如果食物太硬，鹦鹉会用爪子把它放到嘴边，然后咬破吃掉。

各种鹦鹉

人见人爱的金刚鹦鹉

金刚鹦鹉产于美洲热带地区，大约有18种。它们是鹦鹉中的佼佼者，不仅羽毛华丽夺目，而且表情丰富。当它们感到害羞或激动时，脸会像人一样涨红，就像涂满红色水彩一样。这种人见人爱的鹦鹉十分美丽，总是成为人们捕捉的对象，因此已经快要绝种了。

金刚鹦鹉

鹦鹉长得这么漂亮，要是我能养一只就好了。

鹦鹉的天敌是体形较大的鹰类。

聪明的灰鹦鹉

灰鹦鹉是鹦鹉中尤其聪明的一类。它们有高超的模仿力，不仅能模仿其他鸟类的声音，如果与人生活在一起，还能模仿电话铃声、狗叫声，连主人也分辨不出真假。从幼小开始饲养的灰鹦鹉很容易亲近人，性格也很温和，因此很惹人喜爱。

鹦鹉常一对对地生活在一起，非常亲密。

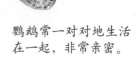

原来，雄孔雀开屏是为了求偶啊！

雄孔雀为了吸引雌鸟而开屏。

孔雀开屏

孔雀小证件

家族：鸟纲　鸡形目　雉科　　种类：3种　　食物：谷物、浆果等

分布：中国、刚果、印度、斯里兰卡、巴基斯坦以及其他人工放养地区

孔雀虽然能飞，但无法自由地翱翔。

孔雀是世界上最美丽的鸟类之一，是吉祥、善良、美好、华贵的象征，神话传说中的凤凰就是孔雀的化身。

孔雀开屏的时候，五颜六色的尾羽像扇子一样展开，在金色阳光的照耀下，光彩夺目。虽然同为孔雀，但雌雄孔雀的外形有很大差别。雄孔雀长着艳丽的尾羽，羽毛大致为翠蓝或翠绿色，具有很鲜明的金属光泽，头上还长着高高的冠羽。而雌孔雀则没有美丽的长尾巴和冠羽，色彩也没有雄孔雀艳丽。雌孔雀每次产卵4～8枚，小孔雀长得很慢，三岁时才能长出和大鸟一模一样的羽毛。

为什么开屏

　　雄孔雀平时很少开屏，只有当它们向雌孔雀表达爱意的时候，才会展示美丽无比的尾巴。孔雀开屏也是为了保护自己。它们的大尾屏上，散布着许多像眼睛一样的圆形斑纹。当遇到敌人时，孔雀便突然开屏，敌人还以为遇到了多眼怪兽，也就不敢袭击它们了。

孔雀在树上睡觉。

机警生存

　　孔雀虽然有翅膀，但不善于飞行，遇到敌人时大多大步飞奔，所以它们平常活动的时候十分机警，以防被其他动物当成猎物吃掉。在清晨，孔雀常常静悄悄地走到河边喝水、梳理羽毛，然后结队到树林里觅食。天黑之后，它们飞回家，落在树上还要到处观望，确信安全时，才把头插在翅膀下睡觉。

各种孔雀

善恶交织的杜鹃

杜鹃小证件

家族：鸟纲 鹃形目 杜鹃科 种类：510多种
食物：毛虫等昆虫 分布：除南北极外的世界各地

在鸟类的世界里，大部分鸟都有自己的安乐窝，它们在里面产卵、孵化、哺育后代。然而，杜鹃鸟却十分懒惰，它们从来也不自己做窝，而是喜欢把卵产在其他鸟的巢里，让其他鸟为自己抚养孩子。这种懒惰的杜鹃鸟的羽毛以灰色为主，飞行速度极快。从外形和飞行姿势上来看，它们与鹰非常相似，因而常被一些鸟类误以为是小型鹰类。每到春忙季节，杜鹃便会不停地发出"布谷—布谷"的鸣声，所以它们又叫布谷鸟。

杜鹃和鹰的飞行姿势很像。

杜鹃鸟就是我们所熟知的布谷鸟。

自己不做窝，难怪名声不太好！

杜鹃把巢里的其他鸟卵叼走，再产下一枚自己的蛋。

富于"心计"

雌杜鹃每次可产卵10～20枚。它们产卵前要先寻找适当的鸟窝，然后趁主人不在时，偷偷把卵产在里面。有时，它们就把卵产在地面上，再寻找机会把卵一个一个地衔着放到合适的鸟窝里，每个窝只放一枚。这样，鸟窝的主人就不会发现了。小杜鹃一旦孵化出来，就会把巢里其他的卵推下去，这样它就可以独自霸占养父母带回来的食物了。

杜鹃捕捉森林里的害虫，是一种益鸟。

出生不久的小杜鹃把其他卵拱出巢外。

养父母辛苦地抚养杜鹃的孩子，还以为那是自己的宝宝呢。

树林的卫士

虽然杜鹃鸟使用欺骗的手段养育后代，但它们也有优点：它们是捕捉害虫的能手。杜鹃每天能捕食害虫300只。对于其他鸟类不敢吃的一些毛毛虫，杜鹃却把它们当作美味佳肴。科学家发现，杜鹃在一小时内就能捕捉100只蛾类毛毛虫，几只杜鹃鸟就能使一整片树林免遭害虫毁坏。

小杜鹃长大了，养父母就站在它的背上为它喂食。

体形娇小的蜂鸟

——蜂鸟小证件——

家族：鸟纲　雨燕目　蜂鸟科　　种类：约319种
食物：花蜜、昆虫等　分布：拉丁美洲热带地区和北美洲

停在花朵上的蜂鸟

蜂鸟是鸟类家族中个头最小的一种鸟，几乎和大蜜蜂一样大小。蜂鸟的外表非常美丽，浑身的羽毛闪烁着宝石般的光芒。它们头部的羽毛像丝一样纤细，闪烁着金属光泽；颈部的羽毛像无数个交错的鳞片一样，绚丽多彩；尾部的羽毛较长，而且曲线优美。蜂鸟几乎终日在空中飞来飞去，偶尔掠过草地，大部分时间在花丛间穿梭。它们扇动翅膀的速度特别快，人眼根本就看不清楚，只能听到一阵阵"嗡嗡"声，好像蜜蜂飞舞时发出的声音。

蜂鸟很少停下来，一旦停下来，就会像冬眠一样昏昏欲睡。

采蜜行家

　　花蜜是蜂鸟最喜爱的食物。大多数蜂鸟都长着长嘴，可以直接伸入花中，利用管状的长舌舔食花蜜。每次蜂鸟采蜜的时候，花粉就会粘在它们的身上。等到蜂鸟飞到另一朵花上采蜜时，无意间就把前一朵花的花粉传过来了。通过这种途径，蜂鸟帮助许多花授了粉，花被授粉后就能结出种子了。

正在进食花蜜的蜂鸟

各种各样的蜂鸟

想不到蜂鸟个不大，飞行本领却不小！

飞行绝技

　　蜂鸟在飞行过程中可以自如地采取多种形式，比如上下飞、助飞，甚至倒飞。蜂鸟还能像直升机一样在空中悬停，它们有时就悬停在空中采食花蜜和昆虫。不论蜂鸟向哪个方向飞或是在空中停留，它们扇动翅膀的频率是大致相同的。

蜂鸟飞行的时候，能够悬停在空中。

奔跑健将——鸵鸟

鸵鸟小证件

家族：鸟纲　鸵形目　鸵鸟科　　种类：约5种　　食物：植物、昆虫、小型鸟类和爬行动物等　　分布：非洲和阿拉伯半岛的部分地区

鸟类是空中的精灵，几乎所有的鸟都能展翅飞翔，就连几厘米长的蜂鸟也有着绝妙的飞行技术。但世界上最大的鸟——鸵鸟却只会奔跑不会飞。鸵鸟为什么不能够飞行呢？本来，鸵鸟的祖先是会飞行的，但经过长期的地面生活后，它们的翅膀变得越来越小，逐渐失去了飞翔能力，而两条腿却越来越有力。现在的鸵鸟身高2米多，体重比两个大人还要重，飞上天就更加不可能了。

当鸵鸟受到惊吓时，常常会把头插进沙子里。

草原上的鸵鸟

许多鸵鸟把卵产在一块儿。

防卫能力

体弱多病的鸵鸟，跑不快，又打不过强敌，就会把身体紧贴地面。于是，鸵鸟被地上的黄沙和枯草遮蔽起来，就好像隐身一样"消失"了。这样一来，敌人找不到它们，鸵鸟就躲过了杀身之祸。有时鸵鸟受到惊吓，还会把头插进沙子里，而把屁股露在外面，这真是顾头不顾腚。

鸵鸟的腿真强壮，难怪跑得快！

雄鸵鸟的求爱方式

厉害的双腿

鸵鸟的同类

虽然不会飞，但鸵鸟的腿很强壮，一步可跨出8米远！但鸵鸟不善于长跑，快速奔跑只能坚持5分钟左右。因为鸵鸟奔跑主要为了躲避敌人，短时间内就可以逃出危险区，不需要长时间奔跑。一旦被敌人追上，鸵鸟就用自己的"飞毛腿"使劲踢它们，然后借机逃生。

小鸵鸟破壳而出。

动物世界大百科

南极绅士——企鹅

───── 企鹅小证件 ─────

家族：鸟纲　企鹅目　企鹅科　种类：约18种

食物：小鱼及磷虾等　分布：主要分布在南极地区

一提到南极，许多人脑海中就会浮现出样子憨厚、身穿"礼服"的企鹅。和鸵鸟一样，企鹅是一群不会飞的鸟类。虽然现在的企鹅不能飞，但根据化石显示的资料，最早的企鹅是能够飞行的。直到65万年前，它们的翅膀才慢慢演化成能够下水游泳的鳍肢，逐渐成为目前我们所看到的企鹅。企鹅是鸟类中的游泳专家，它们一钻进水里就变得非常活泼，还能潜水捕食小鱼。虽然海水冰冷刺骨，但企鹅丝毫不在乎，因为它们身上长满油光光的羽毛，一点也不觉得冷。

企鹅

别看企鹅样子很笨拙，它们可是游泳高手呢！

温暖的"燕尾服"

正在亲昵的企鹅

　　许多鸟兽要按时更换羽毛。在换毛期间，它们身上的羽毛东掉一块、西掉一块，显得很难看。而企鹅一年四季总是穿着漂亮的"燕尾服"，难道它们不换羽毛吗？原来，企鹅换毛时，每根新羽毛直接长在旧羽毛的下面；等到新羽毛长好后，旧羽毛才全部退掉。这样，生活在冰天雪地里的企鹅就不会挨冻了。

厚重的父爱

小企鹅在爸爸的照料下健康成长。

　　在企鹅的王国里，妈妈负责产卵，爸爸负责孵化。孵蛋时，雄企鹅把蛋放在自己的肚皮下面，因为那里又温暖又安全。在以后的60多天里，雄企鹅只能弯着脖子，低着头，不吃不喝，全神贯注地凝视、保护着它的宝贝，一直到小企鹅破壳而出。

冰雪中的企鹅

Part 5

两栖爬行动物
LIANGQIPAXINGDONGWU

　　两栖动物出现在3.6亿年前，鱼类是它们的祖先，长期的物种进化使它们大多既能活跃于陆地，又能游动于水中。爬行动物是第一批真正摆脱对水的依赖而征服陆地的脊椎动物，可以适应各种不同的陆地生活环境。两栖动物主要包括蛙类、蟾蜍、水螈等；而爬行动物则主要有蜥蜴、蛇、龟以及鳄鱼等。所有的两栖动物都有潮湿的皮肤，但个头没爬行动物那么大。

爱 "哭叫" 的大鲵

—— 大鲵小证件 ——

家族：两栖纲 有尾目 隐鳃鲵科

种类：约3种

食物：蛙、鱼、虾等小动物

分布：中国的华北、华中、华南和西南各省

说到大鲵，没有几个人知道，但提起叫声像婴儿啼哭的娃娃鱼，几乎无人不知，无人不晓。其实，大鲵就是我们所熟知的娃娃鱼。以前，由于娃娃鱼的味道鲜美，人们大量捕杀，导致它们数量急剧减少，所以现在它们已经被国家列为保护动物。娃娃鱼对生活环境的要求很高，喜欢水质清澈的山溪或河流，并居住在水草繁茂的岩洞里、大石下或凹坑中，因为浑浊的水会使它们呼吸困难，最后死亡。

大鲵的居住环境

大鲵是快要灭绝的珍稀动物。

古怪的模样

　　娃娃鱼的样子可不像它们的名字那样可爱：脑袋又大又扁，眼睛和鼻孔却很小，身后还拖着一条长长的大尾巴。娃娃鱼全身光滑，没有鳞片，四条腿又短又胖。游泳时，它们的四肢紧贴肚皮，靠摆动尾部和身体拍水前进。

娃娃鱼长得这么奇怪，真是名不副实啊！

娃娃鱼的同类

凶残的猎手

　　虽然称为"娃娃"鱼，但它们不仅吃鱼、虾、鸟，甚至连蛇和老鼠都敢吃。白天，它们头朝外趴在洞穴中，等猎物经过时就突然出击，一口把猎物吞下。晚上，娃娃鱼从洞穴中出来，守在河流边，张开大嘴等水里的猎物自己找上门来。娃娃鱼之所以能捕食小动物，是因为它们有锯齿一样的牙，但它们的牙不能咀嚼，只能阻挡食物流到嘴外面。

娃娃鱼能把青蛙一口吞下。

天生爱唱歌的青蛙

—— 青蛙小证件 ——

家族：两栖纲　无尾目　蛙科　　种类：约4800种　　食物：昆虫
分布：除南北极、加勒比海岛屿和太平洋岛屿以外的世界各地

青蛙

　　夏季的雨后，在野外，我们总能听到阵阵"呱呱"的叫声，那是青蛙们在"歌唱"。青蛙是一种典型的两栖动物，小时候是蝌蚪，生活在水里，靠尾巴左右摆动来游动。长大后，它们的尾巴逐渐消失，这时候，它们长出了强有力的后肢。在陆地上，青蛙靠有力的后肢跳跃前进，每一次跳跃，都能达到体长的20倍距离。它们真是名副其实的跳跃能手。长大后的青蛙有时候也生活在水里，它们通过后肢不断蹬水、趾间的蹼向后拨水来前进。

青蛙的食物

害虫的天敌

　　青蛙捕食昆虫的时候，常常后腿蜷着跪在地上，前腿支撑，张着嘴巴仰着脸，肚子一鼓一鼓地盯着猎物。等虫子到达自己的触及范围内时，它们就猛地向前一蹿，舌头一翻，然后稳稳地落在地上，这时虫子已经进了它们的肚子。一只青蛙一年可以消灭一万只害虫，是人类的好朋友。

雨后歌声

　　炎热的夏天，青蛙一般都躲在草丛里，偶尔喊几声，时间也很短。如果有一只青蛙叫起来，旁边的也会随着叫几声，好像在对歌似的。青蛙叫得最欢的时候，是在大雨过后。每当这时，就会有几十只甚至上百只青蛙"呱呱——呱呱"地叫个没完，那声音几里外都能听到，像是一支气势磅礴的交响乐。

青蛙引开鼻孔吸及空气，将肺部充满，然后关闭鼻孔。

肺部的空气从喉部压入声囊，青蛙于是就可以叫了。

青蛙发声示意图

青蛙可真能睡，一睡就是一冬天。

冬眠中的青蛙

满身疙瘩的蟾蜍

蟾蜍小证件

家族：两栖纲 无尾目 蟾蜍科　　种类：350多种　　食物：蜗牛、田螺、蝗虫、菜青虫、蚊蝇等昆虫　　分布：除南北极外的世界各地

蟾蜍也叫"癞蛤蟆"，这是因为它们皮肤粗糙，背上还长满了大大小小的疙瘩。虽然长相丑陋，蟾蜍身上却满是宝贝：蟾舌、蟾肝、蟾胆等都是名贵的药材，可治疗各种疾病。蟾蜍和青蛙同属蛙类，但它们还是与青蛙有很多不同。例如：青蛙的卵是一团一团的，蟾蜍的卵却像连成一串的珠子。蟾蜍的蝌蚪与青蛙的蝌蚪也有区别：青蛙的蝌蚪尾巴很长，颜色比较浅，嘴在头部前面；蟾蜍的蝌蚪尾巴比较短，浑身黑色，嘴在头下面。

雄蟾蜍紧紧抱住雌蟾蜍，交配产卵。

庄稼卫士

　　白天，蟾蜍隐蔽在阴暗的土洞或草丛中。傍晚，在池塘、河岸、田边、菜园、路边或房屋周围，蟾蜍开始活动。尤其雨后，蟾蜍常常集中在一起捕食各种害虫。原来，难看的蟾蜍还是保护庄稼的卫士呢！

蟾蜍的食物

快来看，癞蛤蟆"发呆"的样子真好笑！

蜕掉旧皮

　　当蟾蜍冬眠醒来，便开始大嚼鲜活的食物，不久开始蜕皮。蜕皮前，蟾蜍先爬上岸"发呆"，一会儿工夫全身就开始"出汗"，后背正中还出现一道缝隙。这时，蟾蜍开始挣扎，不久，它们的头部、躯干和四肢就从缝隙中钻出来，蜕下一团皱皱的皮。但这团皮马上就会被蟾蜍吞进肚子里。

蟾蜍蜕皮前的样子就像发呆一样。

分布广泛的 "四足蛇"

—— 蜥蜴小证件 ——

家族：爬行纲　有鳞目　种类：约4000种　食物：昆虫和
其他小型动物　分布：主要分布于热带和亚热带地区

　　蜥蜴是当今世界上分布较广的一类
动物。世界上大约有4000种不同的蜥蜴，
它们主要分布在热带地区，以昆虫和其
他小动物为食。因为有的蜥蜴长得像蛇，
所以人们又把它们叫做"四足蛇"。和蛇
一样，蜥蜴身体表面布满鳞片，这种鳞片皮
肤能防水并保持它们的体温。蜥蜴在成长过程
中，大约每个月蜕一次皮，很多蜥蜴都用嘴将自己
的皮蜕下并吞食掉，不久，新的更坚韧的鳞片皮肤
就会长出来。

铠甲鳞蜥

鬣蜥

变温动物

蜥蜴

蜥蜴是变温动物，在温带及寒带生活的蜥蜴在冬季会进入冬眠状态，有季节性活动的特征。在热带生活的蜥蜴，由于气候温暖，可终年进行活动。但在特别炎热和干燥的地方，也有的蜥蜴有夏眠的现象，以度过高温干燥和食物缺乏的恶劣环境。

断尾避敌

黑圈蜥蜴

许多蜥蜴在遭遇敌害时，常常把尾巴弄断，断尾不停跳动以吸引敌害的注意，它们自己却逃之夭夭。这是一种逃避敌害的保护性措施。蜥蜴尾巴的任何部位都可以断裂，而且不久尾巴断开的地方又会再生出一条新的尾巴。有时候尾巴并未完全断掉，断裂处还会生出另一条尾巴，形成尾巴分叉的现象。

要把尾巴弄断，那该多疼啊！

喷血御敌的角蜥

　　角蜥主要在沙漠地区生活。与其他种类的蜥蜴相比,角蜥有一套独特的御敌方法。在生死存亡的紧急时刻,它们大量吸气,使身躯迅速膨胀,致使眼角边破裂,然后从眼里喷出一股鲜血,射程可达1~2米。敌人时常被这种迎面而来的鲜血吓得惊慌失措,角蜥则趁机逃生。

角蜥

变色龙

"伪装大师"变色龙

　　变色龙是蜥蜴的一种,它们在一天之内,可以变换六七种颜色。原来,它们的皮肤里有一个变幻无穷的"色彩仓库",储藏着蓝、绿、紫、黄、黑等奇形怪状的色素细胞。一旦周围的光线、湿度和温度发生了变化,一些色素细胞就会增大,而其他一些色素细胞会缩小,于是,变色龙就表现出各种不同的颜色。

伞蜥

伞蜥是澳大利亚最引人注目的蜥蜴，生活在干燥的草原、灌木丛和树林中。它们长有一条细细长长的尾巴，颈部还有一圈皮膜。当它们遭遇险情时，颈部周围的皮膜便会张开，形成一块亮红色或黄色的"伞"，并张开大嘴。同时，它们的身体不停地摇摆，并发出嘶嘶声，看上去是要发动进攻。这些行为足以吓退敌人。

伞蜥

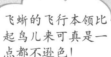
飞蜥的飞行本领比起鸟儿来可真是一点都不逊色！

长着"翅膀"的蜥蜴

在众多种类的蜥蜴中，有一种会"飞行"的飞蜥。它们能从一棵树上"飞"到另一棵树上。它们的"翅膀"是其特别扩大的肋部，能像扇子的撑条一样张开，使每一片松弛的皮肤伸展开来。于是，它们就可以"飞行"了。

飞蜥

壁虎正在捕食飞蛾。

稳健的漫步者——壁虎

——— 壁虎小证件 ———

家族：爬行纲　蜥蜴目　壁虎科　种类：约20种　食物：蚊、
蝇、蛾等小昆虫·分布：东亚、东南亚以及热带大洋区等地

壁虎的脚趾下面长有很多细钩和鳞片。

　　在温暖的南方，我们会在墙壁上发现一种小蜥蜴：壁虎。它们沿着墙壁爬行，甚至趴在光滑的玻璃窗上也不会掉下来。壁虎能在墙壁和天花板上自由穿梭，靠的是它们那神奇的脚掌。壁虎的脚底长有肉眼看不见的极其细小的绒毛，这些绒毛就像一只只弯曲的小钩，能够轻而易举地抓住物体细小的凸起，稳稳当当地爬行。和其他一些蜥蜴一样，壁虎在被敌人抓到时，尾巴也会自动断掉，以保住自己的性命。过一段时间，壁虎断了的尾巴又能重新长好，与原来的一模一样。

高超的捕食本领

有的壁虎与人类生活在一起，不但对人类无害，而且还能捕食苍蝇、蚊子、蟑螂等害虫。壁虎捕食很有耐心，总是悄悄地爬近猎物，然后一动不动地等着，看好时机迅速出击。壁虎长有灵巧的舌头，可以在瞬间像箭一样射出舌头，然后立刻收回，就这样完成捕食任务。

壁虎的眼睛合不上，所以只能用舌头去舐脏东西。

无法闭上的眼睛

壁虎的眼睛

大多数壁虎都在夜间活动。它们的眼睛很大，却没有活动的眼睑，只在下眼睑上长出一层透明的鳞片盖在眼球上，所以它们的眼睛永远也闭不上。壁虎无法眨眼清除眼睛上的脏东西，所以一些壁虎就用舌头舔眼睛，清洁眼球。

要是我也能像壁虎一样飞檐走壁，该多好啊！

壁虎

长寿的象征——龟

龟的小证件

家族：爬行纲　龟鳖目　龟科　种类：数百种

食物：蠕虫、螺类、虾及小鱼等　分布：广泛分布于陆地海洋中

龟甲

世界上什么动物行动缓慢？小朋友们肯定首先会想到龟。没错，龟以其慢性子而被人们所熟识。龟的种类很多，常见的有海龟、乌龟等，它们的身上都长着坚硬的壳。遇到危险的时候，有的龟能够把头和四肢缩进壳里，以此来保护自己。龟的四肢很粗壮，可以用来游泳，也可以行走，有时甚至用来攀爬。它们的寿命很长，有的可存活300多年，因此常被人们当作长寿的象征。

象龟

海龟

海龟是龟类动物中个头较大的一种，身长可达1米多。它们的前肢长于后肢，四肢可以像桨一样在水中划行。海龟身上也背着坚硬的壳，但它们的头、颈和四肢不能缩入壳内。海龟主要生活在大西洋、太平洋和印度洋中，繁殖季节到陆地上产卵。

海龟

耐饥力强的乌龟

乌龟又叫金龟、草龟、泥龟和山龟等，在中国有着广泛的分布。乌龟是一种变温动物，在气温15℃以上时，活动正常且大量进食，而气温在10℃以下时则进入冬眠状态。乌龟的耐饥能力较强，即使断食数月也不易被饿死，而且抗病力强、成活率高，所以它们是人们较多饲养的动物。

凹甲陆龟

乌龟遇事不紧不慢，难怪这么长寿！

行动缓慢的乌龟

凶残的鳄鱼

—— 鳄鱼小证件 ——

家族：爬行纲　鳄形目　鳄科　种类：20余种　食物：小型动物

分布：南北美洲、非洲、亚洲和澳大利亚的部分地区

　　鳄鱼身披盔甲，生性残暴，拥有一张血盆大口，是最丑陋凶残的动物之一。现实中，几乎没有哪种动物愿意招惹这种凶残无比的杀手。鳄鱼是一种非常古老的爬行动物。它们是恐龙的近亲，2亿多年前就已经遍布地球的各个角落了。鳄鱼本身的一些特点使它们从6000多万年前的那场灾难中存活了下来，没有和它们的近亲恐龙一起灭绝，因此可以称得上是一种活化石。

鳄鱼

鳄鱼捕到大型动物时，常把它们拖进水中憋死。

鳄鱼的嘴张得这么大，真吓人。

凶恶的潜伏者

鳄鱼常常半潜伏在水底，只把两只眼睛露在外面，一动不动，就像一段烂木头浮在水面上。在接近猎物的一瞬间，鳄鱼就会猛冲上去，把猎物活活吞下。如果猎物太大吞不下去，鳄鱼就会用大嘴夹着它在石头或树干上猛烈拍打，直到猎物被摔成碎片，然后再张口吞食。

鳄鱼常常潜伏在水下等待猎物的出现。

鳄鱼的大嘴

尽职的母亲

虽然鳄鱼体形庞大，但它们却是卵生的。母鳄鱼在产卵前，先上岸选好地点，用树叶、干草铺一张"软床"，然后才开始产卵。产卵以后，它们会把卵藏在树叶和干草下面，自己孵化。这时的母鳄鱼凶恶无比，不准任何动物接近。小鳄鱼出壳以后，先趴在妈妈的背上觅食，半年以后才能独立生活。

母鳄鱼守在卵旁，寸步不离。

蝰蛇是一种毒蛇。

冷血"杀手"——蛇

—— 蛇的小证件 ——

家族：爬行纲　有鳞目　蛇亚目　种类：3000多种　食物：鼠、蛙、
鸟等　分布：南北极外的世界各地，以热带最多

　　蛇为冷血动物，且面目可憎，捕杀猎物毫不留情，因此有"冷血杀手"之称。它们和其他爬行动物有所不同：全身长满鳞片，没有腿，但是爬行速度却很快，而且爬行时身体会不停地扭动。世界上的蛇一般分有毒蛇和无毒蛇两种。毒蛇和无毒蛇的区别是：毒蛇的头一般是三角形的，口内有毒牙，尾巴短，并且突然变细；无毒蛇头部为椭圆形，口内无毒牙，尾部是逐渐变细。

所有的蛇在进食时都从猎物的头开始。

吞食猎物

　　蛇进食时通常先把猎物咬死，然后吞食。蛇的嘴可随食物的大小而变化，遇到较大食物时，它们的下颌就会缩短变宽，成为紧紧包住食物的薄膜。蛇常从动物的头部开始吞食，吞食小鸟则从头顶开始，这样，鸟喙弯向鸟颈，就不会刺伤蛇的口腔或食管。蛇的吞食速度与食物大小有关，小白鼠5～6分钟即可吞入，较大的鸟则需要15～18分钟。

蛇的蜕皮

蛇在一生中要经历多次蜕皮的过程。蜕皮前，新的蛇皮已经在旧皮下生长了，而且新旧皮之间分泌出一种润滑液，蛇在蜕皮时能将新旧皮轻易地分离。蛇通常从口开始蜕皮，借助摩擦粗糙的岩石或树枝，先将头部前缘的鳞皮搓开，然后扭动身体，使全身的鳞皮蜕去。

正在蜕皮的蛇

无毒蛇

要是被蛇缠住，可就难脱身了。

蛇

119

"蛇中之王"

印度眼镜蛇

眼镜蛇属于毒蛇，被称为"蛇中之王"。当它们生气的时候，身体前面会竖起来，脖子昂起变得扁平，同时发出"呼呼"的恐吓声，让人不寒而栗。眼镜蛇遇到危险时，会"射击"对方，所用的"子弹"就是它们的毒液。在眼镜蛇的嘴里有一根小管，毒液通过它喷射出来。如果对方被击中，就会有生命危险。

响尾蛇用尾巴"钓"猎物，真是个狡猾的家伙。

"沙漠杀手"——响尾蛇

响尾蛇的尾巴上有许多响环，这些响环是一堆鳞片样的硬皮肤。当响尾蛇摇动尾巴时，响环之间就会发出沙沙声。响尾蛇就利用尾巴发出的沙沙声引诱小动物，或者用来吓跑敌人。响尾蛇的两眼和鼻孔之间有两个能感受温度变化的小窝——热眼，热眼能感知到周围不同物体的温度。所以即使在黑漆漆的夜晚，响尾蛇仍能捕获猎物。

响尾蛇

蟒蛇

蟒蛇

蟒蛇是一种体形较大的无毒蛇，全长可达6～7米，重可达50～60千克，身上长着成行排列、略呈方形的暗褐色大斑块。蟒蛇大多栖于林木茂密的山区，是一种肉食动物，吃小型哺乳动物、鸟或爬虫类。它们在捕食时，常以缠绕的方法杀死猎物。蟒蛇看似强大，却也有天敌，那就是刺猬。蟒蛇对浑身是刺的刺猬毫无办法，常常被刺猬咬伤甚至咬死。

最小的蛇

世界上最小的蛇是身材像蚯蚓、外貌像蛇的"蚯蚓蛇"。这种小蛇没有毒，平时生活在花园泥土下或院子花盆里，晚上或阴雨天才外出活动。长期的地下生活使它们的眼睛几乎看不见东西，因此人们也叫它们"盲蛇"。

蚯蚓蛇

Part **6**

哺乳动物
BURUDONGWU

哺乳动物是最高级的动物群体，也是与人类关系最密切的一个类群。哺乳动物具备许多特征，因而在进化过程中获得了极大的成功。其最重要的特征是：智力和感觉能力的进一步发展；繁殖效率的提高；获得食物及处理食物能力的增强；脑较大而发达等。胎生、哺乳等一系列特征，能够保证哺乳动物的后代有更高的成活率及适应复杂环境的能力。

体形庞大的鲸鱼

—— 鲸鱼小证件 ——

家族：哺乳纲　鲸目　种类：约80种　食物：浮游动物、软体动物和鱼类等　分布：世界各大海洋均有分布

鲸鱼生活在海洋里，它们中的一些成员不但是海里最庞大的动物，即使在陆地上，也没有比它们还大的动物。可以说，鲸鱼是整个动物界的巨人。虽然鲸鱼的名字里有一个"鱼"字，但它们不属于鱼类，而是一种哺乳动物，也就是说，它们也是喝乳汁长大的，与人类一样用肺呼吸。原来，在很久以前，鲸鱼的祖先是生活在陆地上的，后来为了寻找食物而进入大海，于是它们的腿慢慢退化，最后变成了生活在水里的哺乳动物。

这么大个家伙，要是撞上小船可就麻烦了。

鲸鱼是生活在水里的庞然大物。

体形庞大的蓝鲸

壮观的呼吸过程

鲸鱼没有鼻壳，鼻孔直接长在头顶上。当它们的头部露出水面呼吸时，呼出气体中的水分在空中突然遇冷形成水蒸气。强烈的水气向上直升，并把周围的海水也一起卷出海面，于是蓝色的海面上便出现了一股蔚为壮观的"喷泉"。这就是"鲸鱼喷潮"。

鲸鱼喷潮现象

鲸鱼的种类

鲸鱼分齿鲸和须鲸两大类。齿鲸嘴里长有牙齿，主要以乌贼、鱼类等为食，有的还能捕食海鸟、海豹以及其他鲸类。须鲸嘴里没有牙齿，只有一些梳子一样的硬须。当须鲸饿了时，就张开大嘴，一口气把路过嘴边的小鱼小虾统统吸到嘴里，然后再合起嘴巴，用舌头把海水从鲸须缝中挤出来，剩下的食物就可以吞进肚子了。

齿鲸正在戏弄海豹。

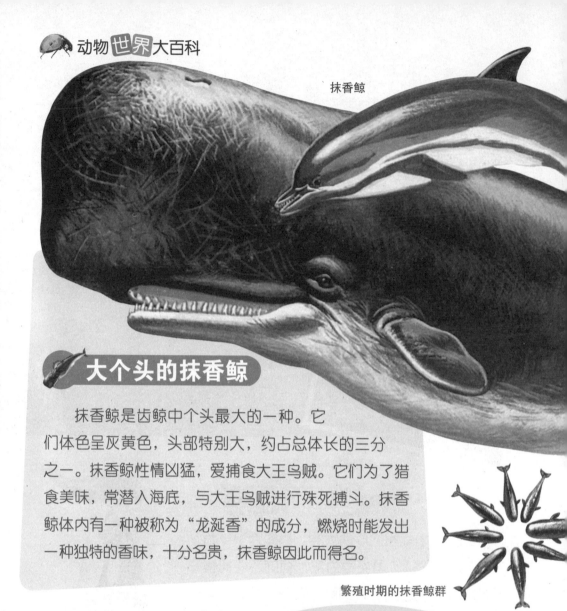

抹香鲸

大个头的抹香鲸

　　抹香鲸是齿鲸中个头最大的一种。它们体色呈灰黄色，头部特别大，约占总体长的三分之一。抹香鲸性情凶猛，爱捕食大王乌贼。它们为了猎食美味，常潜入海底，与大王乌贼进行殊死搏斗。抹香鲸体内有一种被称为"龙涎香"的成分，燃烧时能发出一种独特的香味，十分名贵，抹香鲸因此而得名。

繁殖时期的抹香鲸群

座头鲸在放声高歌。

放声高歌的座头鲸

　　座头鲸是海洋中的歌手，常在海上放声高歌。它们巨大的鳍状前肢可达5米长，划动时犹如一对翅膀，因此座头鲸又被称为"大翅鲸"。座头鲸每到冬天便会回到温暖的海域进行繁殖，那时雄鲸便会发出雷鸣般的低音和尖锐的高音，声音洪亮而且缓慢。

凶猛的虎鲸

虎鲸是一种大型齿鲸，由于性情十分凶猛，因此又有恶鲸、杀鲸、凶手鲸等称谓。虎鲸凶猛异常，连海洋中的长须鲸、座头鲸、蓝鲸等大型鲸类见到它们也会慌忙避开。虎鲸在捕食的时候还会使用诡计：先将腹部朝上，一动不动地漂浮在海面上，像一具死尸，而当乌贼、海鸟、海兽等接近时，虎鲸就会突然翻过身来，张开大嘴把它们吃掉。

虎鲸的食物

露脊鲸

我要去看露脊鲸是怎么喷潮的！

戴"帽子"的露脊鲸

露脊鲸浮到海面上时，宽宽的背脊几乎有一半露在水面上，因此得名露脊鲸。露脊鲸喷出的水柱是双股的，而其他鲸喷出的水柱是单股的，因而露脊鲸显得与众不同。

127

海豚之间有着强烈的团结友爱精神。

海洋"歌唱家"——海豚

海豚小证件

家族：哺乳纲　鲸目　海豚科　种类：约62种

食物：小鱼、乌贼、虾、蟹等　分布：世界各大洋中

　　海豚是海洋中与人类特别亲近的动物。它们既不像森林中胆小的动物那样见人就逃，也不像深山老林中的猛兽那样遇人就张牙舞爪，而是总表现出十分温驯可亲的样子与人接近。如果有人掉进海里，海豚就会把他推到岸边。在遇到鲨鱼吃人时，海豚也会见义勇为、挺身相救，简直就是人类的海上救生员！海豚不但是"救生员"，还是天生的"语言家"。它们是海洋动物里最会运用声音的，能根据不同情况发出尖叫声、口哨声、打嗝儿声、叹息声和呻吟声，以此来表达不同的感情。

海豚会倒立、旋转、站着游泳。

海豚呼吸

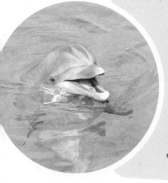

海豚是用肺呼吸的哺乳动物，它们在游泳时可以潜入深水里，但每隔一段时间就得把头露出海面呼吸，否则就会憋死。因此对刚刚出生的小海豚来说，最重要的事就是赶快到达水面呼吸。此时的海豚妈妈会用嘴轻轻地把小海豚托到水面上来，让它呼吸。

海洋公园里的海豚

聪明的海豚

海豚天生聪明伶俐，因为它们有一个发达的大脑。在海洋公园中，海豚能在训练员的指挥下翩翩起舞，做出高难度动作。据解剖发现，海豚的脑部非常发达，不但大而且重，脑重和体重的比值甚至超过大猩猩或猴等灵长类动物，因此就不难理解它们为什么能做出那些高难度的动作了。

海豚嬉水

看来，在大海里生活也不容易啊！

海中大象——海象

海象小证件

家族：哺乳纲　食肉目　海象科　种类：1种
食物：鱼、蟹、贝类等　分布：欧亚大陆、北美和北极海域

　　海象是北极的"特产"。在冰冷的海面上，经常有上千只海象密密麻麻地趴在海滩或大冰块上。它们长得又肥又大，满身是褶，嘴边还露着两个长长的尖牙，看起来就像陆地上的大象，以此被称为海象。海象的长牙一生都在长个不停，这是它们不可或缺的工具，可以用来挖掘食物、攀爬岩石或攻击敌人。别看海象体形巨大，长相怪异，其实它们是个胆小鬼，看到有人常常拔腿就跑。为了取用它们的长牙、油脂及肉，人类大量捕杀海象。目前，海象的数量已经非常少了。

海象长着两个
长长的尖牙。

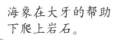

海中的灵巧猎手

　　冰块上的海象显得有点笨拙，但它们一进入海里就变得灵巧起来。它们用巨大的牙齿挖掘泥沙，用敏感的触须找寻食物。然后，海象用牙齿把它们最喜欢吃的海螺、贝壳咬碎，美美地吃里面的肉。有一些凶猛的海象也吃海豹、海兔的尸体。

海象在大牙的帮助下爬上岩石。

> 海象的大牙作用真是太大了，简直是万能工具。

团结的海象

　　海象性情懒惰，大部分时间都在浮冰和海岸上睡懒觉。不过它们也很警觉，睡觉时会派一只海象在四周巡逻放哨，一遇到紧急情况就发出"哞哞"的叫声。被叫醒的海象用长牙撞醒身边的同胞，一起游到安全的地方。

海象常潜入海底挖掘贝类。

群居的海象

可爱的海豹

性情温和的海豹

海豹是肉食性海洋动物。它们大部分时间生活在海中，只在哺育后代和换毛的时候才到陆地上来。在长期的海洋生活中，海豹练就了一身潜水的本领，能潜到几百米深的水下。海豹潜水时，紧闭耳朵和鼻孔，屏住呼吸，就像在水中睡觉一样，真不愧为"潜水冠军"。在海豹的社会里，实行"一夫多妻"制。每年，雄海豹都要为占领地盘大打出手，胜利者才能拥有统治权。在海滩上，人们常常可以看到一头强壮的雄海豹日夜守卫着上百头雌海豹。

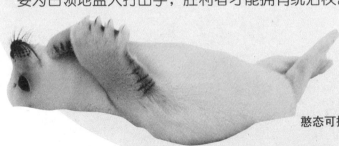

憨态可掬的小海豹

132

象海豹

象海豹

在寒带海洋中，生活着身躯庞大、相貌古怪的象海豹。因为这种海豹的雄性长着一个大鼻子，有点像大象的鼻子，因此得名象海豹。为了独占一群雌象海豹，雄象海豹会用鼻子发出巨大的恐吓声，像打雷一样。所以鼻子是雄象海豹威严的象征。

好奇心重，可不是一件什么好事哦！

稀有的僧海豹

僧海豹是一种稀有的海豹，一生都在热带海洋中生活。僧海豹头脑聪明，对人类也很友好。当它们遇到在附近游泳的人时，就会好奇地游到人的面前，直愣愣地盯着人看上一阵子，然后悠然自得地游开。

僧海豹生活在热带的海洋里。

大个子长颈鹿

长颈鹿小证件

家族：哺乳纲　偶蹄目　长颈鹿科　　种类：2种　　食物：各种高树的叶子和枝丫

分布：撒哈拉沙漠以南地区的稀树草原和森林边缘地带

　　长颈鹿是陆地上身材最高挑的动物，这都是因为它们有一个超级长的脖子。一头5米多高的长颈鹿，脖子就有2米多长！长颈鹿为什么要长那么长的脖子呢？其实，长颈鹿祖先的脖子并没有现在这么长。很久以前，长颈鹿生活的地方发生了灾荒，地面的青草变得很少，它们就只好吃大树上的树叶。长颈鹿每天都使劲伸着脖子吃树叶，天长日久，它们的脖子就越伸越长了。

高挑的长颈鹿

长颈的优势

除了能吃到各种树叶外，长脖子还给长颈鹿带来了其他好处。比如，站得高、望得远，长颈鹿一抬头就能看到一大片地方，可以清楚地看见远处的敌人。可是，长颈鹿的长脖子也有不方便之处：喝水的时候，长颈鹿都要努力岔开前腿，这样才能把头低下来喝到水。

草原上的的长颈鹿

天生胆小

狮子是长颈鹿最害怕的敌人。平时，长颈鹿一发现狮子靠近，拔腿就跑。可是长颈鹿喝水时看不到远处，狮子就会趁机扑向它们的脖子，用尖牙和利爪用力撕咬。由于脖子折了，喉咙也断了，长颈鹿很快就倒地死去，成了狮子的食物。

长得高也不见得总是好，喝水多麻烦啊！

正在喝水的长颈鹿

135

穿"迷彩服"的斑马

— 斑马小证件 —

家族：哺乳纲　奇蹄目　斑马科　种类：约3种　食物：草
分布：非洲东部、中部和南部

斑马用前腿打架，还相互撕咬。

在非洲的大草原上，生活着一种显眼的动物。它们的头看上去像马，可耳朵比马长，尾巴比马短，而且穿着黑白相间的条纹"衣服"。这就是斑马。斑马黑白相间的皮毛与士兵穿的迷彩服一样，是用来掩护自己不被敌人发现的有效工具。因为它们的条纹在白天和晚上会反射阳光和月光，使它们和周围的草丛、树林合为一体，这样，敌人就很难发现它们了。

穿着条纹"衣服"的斑马

斑马跑得很快，常可以逃过狮子的追捕。

爱交朋友的斑马

斑马喜欢一群群地生活在一起，也很喜欢跟其他动物待在一起。鸵鸟、羚羊都是它们的好朋友。因为鸵鸟的视力非常好，而羚羊是很机警的动物，一旦出现危险，它们便会发出危险警报，斑马就可以和它们一起逃命了。

斑马常成群地生活在一起。

团结的斑马群

斑马不但能团结草原上的其他动物，同类之间的感情也非常深厚。遇到危险时，常有斑马牺牲自己，为其他斑马提供逃生机会。成群结队的斑马在觅食时，常会遇到狮子的偷袭。一旦遇上狮子，它们就立刻把小马藏在中间一起逃。如果狮子追上来，斑马群中会有一匹突然放慢脚步，向着同伴悲伤地叫一声，然后倒在地上，牺牲自己，保护大家。

牺牲自己保护同类，这种精神真了不起！

善于攀登的山羊

—— 山羊小证件 ——

家族: 哺乳纲　偶蹄目　牛科　种类: 约9种
食物: 灌木和草　分布: 亚欧内陆和非洲

有一种羊喜爱攀登陡坡和悬崖，在绵羊不能攀登的地方，它们却能行走自如。这种羊就是山羊。在陡峭的山崖坡地上，灵巧的山羊可以毫不费力地上上下下。只见它们后腿一蹬，前后脚同时腾空，然后蹄尖轻轻着地，在斜坡上四平八稳地站好，真像一个轻功了得的武林高手。山羊爱好决斗，这是因为它们有强烈的独立意识。每只山羊都拥有自己的私人空间，如果另一只介入，防御者就会威吓甚至攻击入侵者，所以我们常常看到两只山羊角顶角地抵在一起。

山羊

山羊正在攀岩。

生活在高海拔的螺角山羊

螺角山羊是一种来自喜马拉雅山的类似羚羊的山羊，它们生活在海拔500至3500米高的地方，是所有山羊中最大的一类。它们最明显的特点是有一对威风凛凛、螺旋形的角，足有1米多长。螺角山羊也是优秀的攀爬能手，不仅能登上最陡峭的山峰，还能爬到树上去吃嫩树叶。

螺角山羊

高地山羊

在高山上，山羊可真是英雄有用武之地了。

高地山羊能跳过几米宽的山谷。

善于跳跃的高地山羊

高地山羊出没在山石嶙峋的陡崖上，能轻松地在峭壁间行走、跳跃，不用担心摔下山崖。它们常常爬到空气稀薄的山顶，躲避其他动物的追捕。如果被逼到绝路，高地山羊就会用它们那坚硬的大羊角来和敌人决一死战。

沙漠中的行走能手

骆驼小证件

家族：哺乳纲　偶蹄目　骆驼科　种类：约6种　食物：多刺植物、灌木枝叶和干草等　分布：亚洲和非洲的干旱地区

沙漠里终日烈日炎炎，覆盖着一眼望不到头的黄沙。在这样的环境中，人类很难生存，然而骆驼却能在这里生活得很自在。它们在沙漠里悠闲地行走，驮着人和货物，一点也不怕风沙。所以人们叫它们"沙漠之舟"。沙漠烈日炎炎，缺少水源，为什么骆驼不怕呢？原来，骆驼一般不出汗，而且它们身上有一层厚毛皮，能像毛毡一样抵抗太阳的暴晒，气温再高也不怕晒伤。还有，骆驼一分钟才呼吸16次，这样就不会消耗太多的水分，所以骆驼才能够安然地生活在沙漠中。

沙漠之舟——骆驼

在沙漠中，骆驼是非常重要的交通工具。

幸亏有了骆驼，人们才能够去沙漠深处探险。

"四不像"

骆驼比一般的马要高大，所以有句话叫"瘦死的骆驼比马大"。奇怪的是，骆驼还有羊一样的头、兔子一样的嘴、牛一样的蹄子、马一样的鬃毛，不过最奇特的还是它们背上的驼峰。从前的人第一次见到骆驼，还以为是马受伤以后背部肿大了呢！

骆驼个子很高大。

独峰驼

"藏"着宝贝的驼峰

骆驼最大的特点是背上有凸起的驼峰。只不过有的骆驼只有一个驼峰（独峰驼），有的骆驼有两个驼峰（双峰驼）。驼峰里究竟有什么东西呢？原来，驼峰就像仓库，里面贮藏着大量的脂肪。当骆驼在沙漠中长途行走时，驼峰里的脂肪就会分解，变成有用的营养和水分。

没有树叶、青草时，骆驼就把茅屋上的芦苇当作食物。

"表里不一"的犀牛

犀牛小证件

家族：哺乳纲　奇蹄目　犀牛科　　种类：约5种

食物：草、树叶、水果等　　分布：亚洲南部和非洲

犀牛是陆地上除了大象以外最大的动物。它们全身的皮好像铠甲一样厚，脸上还长着角，样子古怪极了。其实，犀牛脸上的角是它们随身带的防身武器。有些犀牛只有一只角，而有的犀牛有两只角。而且，犀牛角的位置也不太一样，有的长在鼻子上，而有的却长在头顶上。这些尖角会让胆敢冒犯犀牛的敌人落荒而逃。犀牛虽然躯体庞大、相貌凶恶，但却是一种胆小的动物。一般来说，它们宁愿躲避而不愿战斗。不过，一旦受伤或陷入困境，它们就会变得异常凶猛，往往盲目地冲向敌人。

犀牛

犀牛头部特写

犀牛全身特写

喜爱泥巴

犀牛很喜欢在泥塘里翻滚，直到浑身上下糊了一层厚厚的泥巴才肯回家。犀牛洗泥巴浴可不光为了好玩，这是因为它们的皮肤上不怎么长毛，经常裂开大口子，在泥巴里洗过之后，就可以使皮肤得到保养，好像涂了沐浴液一样。

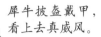

犀牛披盔戴甲，
看上去真威风。

犀牛鸟

犀牛皮肤上有许多褶皱，褶皱里经常
钻进很多寄生虫。这时，有一种叫犀牛鸟的
小鸟总是陪伴在犀牛的左右，是它们忠实的好
朋友。这些小鸟站在犀牛身上啄食寄生虫，
当犀牛的"卫生员"。而且，这些小鸟
还是犀牛的哨兵，一有响动，它们
就猛地飞起来，大声啼叫，好像在
向犀牛报警。这是一种典型的
共生现象，在许多动物间都
有发生。

犀牛身披厚厚的铠甲。

犀牛虽然很庞大，但在一般
情况下不会伤害其他动物。

长着大嘴巴的河马

河马小证件

家族：哺乳纲　偶蹄目　河马科　种类：2种　食物：以水生植物为主，偶尔也吃陆生作物　分布：非洲的热带河流中

　　河马生活在非洲的热带河流中，长着一对小小的耳朵、两只圆圆的眼睛，还有两个凸起的大鼻孔。当它们打呵欠时，我们就会看到它们那比篮球筐还大的血盆大口。河马非常善于游泳，它们每天大部分时间都生活在水中，连生宝宝、喂奶也在水中进行。河马的鼻孔、眼睛和耳朵全长在头的上部，所以当它们泡在水里的时候，不用抬头，鼻孔、眼睛和耳朵就能露出水面。这样，河马不但呼吸顺畅，还能看见东西，听到声音。

河马长相憨厚，但脾气可差了。

雄河马的争斗

凶狠的杀手

河马看起来笨重而憨厚，实际上它们在岸上的奔跑速度远比人要快。在非洲，河马是杀生最多的野生动物。它们对付敌人的时候可是毫不留情的。河马能把陆地上侵犯它们的敌人拖进水里活活淹死，也能把河里的敌人拖到岸上，然后用它们那又粗又重的短腿，把敌人狠狠踩死。

河马的大嘴巴

河马能生活在水里，也能生活在陆地上。

大河马脾气躁

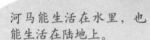

母河马怀孕之后，就不允许公河马靠近自己了，所以在河马的家庭里只有妈妈和孩子。一旦公河马靠近小河马，河马妈妈一定会大发雷霆，高声怒吼。公河马只好逃走。为了保护小河马，母河马会变得十分凶狠，甚至可以一口把一只大鳄鱼咬成两段。

母河马在水下喂奶。

矮胖的野猪

野猪小证件

家族：哺乳纲　偶蹄目　野猪科　　种类：约11种　　食物：橡果、鸟卵
等所有能吃的东西　　分布：亚洲、欧洲、非洲和美洲的山林中

野猪是家猪的祖先，长得矮矮胖胖，有一个长长的鼻子。野猪的鼻子十分坚韧有力，可以用来挖掘洞穴或推动重物，或者当做武器。它们的嗅觉也特别灵敏，可以用鼻子分辨食物的成熟程度。野猪从小奔跑在森林中，练就了一身好体力。在猎犬的追逐下，它们可以连续奔跑好几十千米，这种超凡的体力连马拉松选手也要自愧不如。野猪为了躲避天敌，常常聚集在河边、湖边睡觉，这样遇到危险时就立即渡过河去，不会留下任何气味，可以确保安全。

野猪

为爱而战

野猪实行"一夫多妻"制。发情期时，雄野猪之间要发生一番争斗，胜者可以拥有多个"妻子"。在争斗时，雄野猪都用短短的獠牙攻击对方。为了防止受重伤，雄野猪们在这之前会花好多时间在树桩和岩石上磨擦它们的身体两侧，这样就把皮肤磨成了坚硬的保护层。但是争斗双方好像知道攻击皮肤没有效果，而常常攻击彼此的头部或肩膀等较为柔弱的部位。

雄性野猪在用獠牙互斗。

野猪用鼻子在土中觅食。

> 为爱情斗得你死我活，真残酷啊！

负责任的妈妈

在生小宝宝前，雌野猪会先叼来树枝和软草，铺垫成一个松软舒适的"产床"，以便为刚出生的"儿女们"遮风挡雨。野猪幼仔刚出生的时候就有4个长牙，两个星期后便能够咬东西吃。在小野猪还小的时候，雌野猪单独照顾小野猪。这时的雌野猪攻击性很强，甚至连雄野猪也害怕它们。小野猪生长几个星期以后，雌野猪的脾气才会有所改变。

正在哺乳的雌野猪

小野猪

147

陆地霸主——大象

—— 大象小证件 ——

家族：哺乳纲 长鼻目 象科　　种类：2种　　食物：嫩树枝叶、野果、野草及其他植物　　分布：亚洲南部和非洲大陆

什么动物长着扇子一样的耳朵、柱子似的腿、长长的鼻子和牙齿？答案就是大象。大象是陆地上最大的动物，就连刚出生的小象也比两个大人的体重还沉，真是不折不扣的"巨人"！因为身材高大，所以大象没有天敌，即使被称为"草原霸主"的狮子也不敢去攻击它们。有人说大象怕老鼠，其实大象根本不把老鼠放在眼里。即使老鼠钻进了大象的鼻孔也没关系，只要大象使劲一呼气，老鼠就会被吹出去好远。看来，陆地上最强壮的动物还是大象。

母象与小象形影不离。

慈爱的象妈妈

在象群中，母象与小象总是形影不离。小象要到4岁才断奶，到11岁才长大。在这些年中，母象一直细心地照顾着小象。小象学走路，母象就站在旁边保护着；小象受到其他动物的侵犯时，母象会立刻赶来营救；小象洗完澡还不愿意离开水，母象就温柔地把小象赶上岸。

神奇的象鼻子

动物的鼻子主要用来呼吸和闻味道，可是大象的鼻子除了这两种功能外，还有很多其他功能。大象的鼻子柔韧而且肌肉发达，具有缠卷的功能，是大象自卫和取食的有力工具。此外，大象那灵巧的长鼻子还可以喝水、搬运物品、交流感情、传送信息，经过训练的大象还能用鼻子吹口琴呢！

有了灵活的长鼻子之后，大象的行动都变得容易多了。

长鼻子能使大象吃到高处的树叶。

大象是陆地上最大的动物，连狮子也不敢惹它们。

图书在版编目（CIP）数据

动物世界大百科 / 龚勋编著．－北京：人民武警
出版社，2012.4
（中国青少年枕边书）
ISBN 978-7-80176-729-5

Ⅰ．①动… Ⅱ．①龚… Ⅲ．①动物－少儿读物 Ⅳ．
①Q95-49

中国版本图书馆CIP数据核字（2012）第066805号

动物世界大百科

主编：龚勋

出版发行：人民武警出版社

　　社址：（100089）北京市西三环北路1号

　　发行部电话：010-68795350

经销：新华书店

印制：北京楠萍印刷有限公司

开本：787×1092　1/16

字数：150千字

印张：10

版次：2012年4月第1版

印次：2014年5月第2次印刷

书号：ISBN 978-7-80176-729-5

定价：29.80元